Kreiselmaschinen

Einführung in Eigenart und Berechnung der rotierenden Kraft- und Arbeitsmaschinen

von

Dipl.-Ing. **Hermann Schaefer**

Mit 150 Textabbildungen
und vielen Beispielen

Springer-Verlag Berlin Heidelberg GmbH 1930

ISBN 978-3-662-35712-5   ISBN 978-3-662-36542-7 (eBook)
DOI 10.1007/978-3-662-36542-7

Vorwort.

Das vorliegende Werk stellt einen Versuch dar, die wichtigsten rotierenden Kraft- und Arbeitsmaschinen nach einheitlichen Gesichtspunkten zusammenzufassen. Es ist selbstverständlich nicht möglich und auch nicht beabsichtigt, auf dem knappen Raum die Fülle des Stoffes ausgiebig zu behandeln. Führt das Werk zu einem Verständnis der Eigenart der Kreiselmaschinen, so ist sein Zweck erfüllt.

Die Gliederung der einzelnen Teilgebiete ist erfolgt unter den Gesichtspunkten Berechnung, Aufbau und Verhalten im Betriebe. Das Grundsätzliche der Kreiselmaschinen wurde in einem besonderen Teil vorweggenommen.

Die Berechnungen sollen zeigen, wie man eine Kreiselmaschine berechnen kann. Es ist mir wohlbekannt, daß in der Praxis die Berechnung meist anders durchgeführt wird. Für den Anfänger — und für solche ist das Buch bestimmt — kommt es aber sehr darauf an, daß ihm das Wesentliche, das Grundsätzliche der Berechnungsgänge aufgezeigt und ein möglichst einfacher Weg einer Berechnungsmöglichkeit überhaupt gewiesen wird. Darum wurde auch nur das Notwendigste an Erfahrungswerten gebracht; allzu viele Erfahrungswerte lenken ihn vom Wesentlichen ab und richten Verwirrung an.

Der Aufbau der Kreiselmaschinen ist möglichst in Strichskizzen gezeigt, um auch hier nur das Wesentliche hervorzuheben und nicht durch viele bauliche Einzelteile abzulenken.

Unerläßlich zum Verständnis ist die Kenntnis des praktischen Verhaltens der Kreiselmaschinen, wie sie durch die Kennlinien vermittelt wird. Den Kennlinien, ihrem Aufbau und ihrer Diskussion ist daher ein verhältnismäßig großer Raum überlassen.

Ausführliche Nachweise der vorhandenen Spezialwerke, die zum Teil bei der Abfassung des vorliegenden Werkes benutzt wurden, sind für den beigefügt, der sich in einem Spezialgebiet weiter unterrichten will. Ebenso sind zahlreiche Nachweise und Hinweise auf wichtige, in den Zeitschriften verstreute Abhandlungen im Text selbst gegeben, um zum Weiterstudium anzuregen.

Vorausgesetzt ist die Kenntnis der Grundzüge der Hydraulik, Mechanik und Wärmelehre. Mathematische Entwickelungen sind nach Möglichkeit elementar gehalten.

Den Firmen, die mich durch Überlassung von Material unterstützt haben, sei an dieser Stelle Dank gesagt.

Positive Kritik und Verbesserungsvorschläge sind mir willkommen.

Bingen a. Rh., im Januar 1930.

H. Schaefer.

Inhaltsverzeichnis.

Allgemeines.

Die **Kolbenmaschine** wandelt als Kraftmaschine die Druckenergie der Flüssigkeit unmittelbar in mechanische Energie, als Arbeitsmaschine die mechanische Energie unmittelbar in Druckenergie um. Bei den **Kreiselmaschinen** dagegen wird zwischen die Energieformen der Druckenergie und mechanischen Energie die Bewegungsenergie als Zwischenform eingeschaltet. Es treten also zwei Energieumwandlungen auf:

a) Kraftmaschinen: Druckenergie $\rightarrow$ Bewegungsenergie $\rightarrow$ mechanische Energie.

b) Arbeitsmaschinen: Mechanische Energie $\rightarrow$ Bewegungsenergie $\rightarrow$ Druckenergie.

Allgemein betrachtet weisen die Kreiselmaschinen gegenüber den Kolbenmaschinen folgende **Vorteile** auf:

Die Flüssigkeit (tropfbar, dampf- oder gasförmig) fließt in stetigem Strome durch die Maschine; Beschleunigungen und Verzögerungen, hervorgerufen durch die zwischen 0 und dem Größtwert dauernd wechselnde Kolbengeschwindigkeit, fallen weg und somit auch die damit verbundenen Verluste. Steuerungen für den Flüssigkeitsstrom sind nicht erforderlich. Massenwirkungen durch hin- und hergehende Massen, Reibungsverluste in Gestänge, Steuerungen usw. treten nicht auf; der mechanische Wirkungsgrad ist besser, der Aufbau einfacher und übersichtlicher. Das an die Welle oder von der Welle abgegebene Drehmoment ist gleichmäßig. Schwungräder, die bei Kolbenmaschinen das dauernd wechselnde Drehmoment ausgleichen, kommen in Wegfall. Hohe erreichbare Drehzahlen bedingen wesentlich geringere Größe der Kreiselmaschine bei gleicher Leistung und damit bedeutende Platzersparnis.

Diesen Vorzügen stehen als **Nachteile** gegenüber:

Kreiselmaschinen sind, besonders bei hohen Drehzahlen, wesentlich empfindlicher als Kolbenmaschinen. Daher ist eine sehr sorgfältige, also teuere, Werkstattausführung erforderlich. Hohe Geschwindigkeiten der Flüssigkeit in der Maschine ergeben hohe Reibungsverluste und damit schlechteren hydraulischen Wirkungsgrad. Sehr sorgfältige Ausführungen mit besserem Wirkungsgrad sind teuer und nur bei größeren Leistungen lohnend. Bei stark schwankender Drehzahl ist der Wirkungsgrad durchgängig schlechter als bei Kolbenmaschinen.

I. Theoretische Grundlagen.

1. Das Geschwindigkeitsdiagramm.

a) Ein Massenteilchen dm irgend einer Flüssigkeit bewege sich mit der Geschwindigkeit c einer feststehenden Bahn $1\ldots2$ entlang (Abb. 1). Die Strömung sei reibungsfrei. Eine Energie wird an die feststehende Bahn nicht übertragen; die Energie $\dfrac{dm\cdot c^2}{2}$ und damit auch die Geschwindigkeit c bleibt gleich. Durch die Umlenkung wird auf die Bahn eine Kraft dP ausgeübt (Prinzip der Leitvorrichtung).

b) Die Bahn bewege sich mit einer Geschwindigkeit $u\ldots$m/s, deren Größe und Richtung die Abb. 2 angibt. Relativ zur Bahn bewege sich das Flüssigkeitsteilchen mit einer Geschwindigkeit $w\ldots$m/s, deren

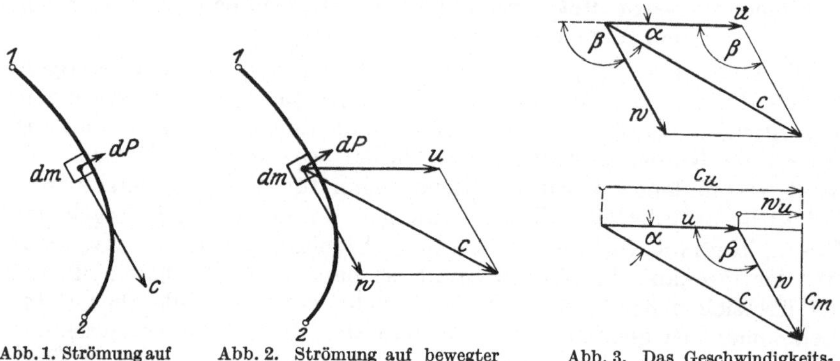

Abb. 1. Strömung auf feststehender Bahn.

Abb. 2. Strömung auf bewegter Bahn.

Abb. 3. Das Geschwindigkeitsdiagramm.

Richtung durch eine Tangente an die Bahn gegeben ist. Die absolute Geschwindigkeit $c\ldots$m/s des Flüssigkeitsteilchens ergibt sich durch Zusammensetzen der Geschwindigkeiten u und w nach einem Parallelogramm. Das Flüssigkeitsteilchen gibt jetzt auf seinem Wege $1\ldots2$ von seiner Energie einen Teil an die Bahn ab, sein Energieinhalt $\dfrac{dm\cdot c^2}{2}$ und damit seine Geschwindigkeit c wird kleiner (Prinzip der Laufradschaufel).

An Stelle des Parallelogramms zeichnet man meist der Einfachheit halber ein Dreieck, das sog. Geschwindigkeitsdreieck (Abb. 3). Man bezeichnet darin mit:

$u\ldots$m/s die Fortbewegungsgeschwindigkeit der Bahn, d. h. die Umfangsgeschwindigkeit der Schaufel;

$c\ldots$m/s die Absolutgeschwindigkeit der Flüssigkeit, d. h. die Geschwindigkeit, die ein außerhalb der Maschine stehender Beobachter sehen würde;

$w \ldots$ m/s die Relativgeschwindigkeit der Flüssigkeit, d. h. die Geschwindigkeit, die ein auf der bewegten Bahn sitzender Beobachter sehen würde;

α den Winkel zwischen u und c;

β den Winkel zwischen w und der (gewöhnlich negativen) u-Richtung;

$c_u = c \cdot \cos \alpha$ die Projektion von c auf u oder die Umfangskomponente von c;

$c_m = c \cdot \sin \alpha$ die Projektion von c auf eine Normale zu u oder die Meridionalkomponente von c (d. h. Projektion von c auf die Hauptdurchflußrichtung);

$w_u = w \cdot \cos (180^0 - \beta) = - w \cdot \cos \beta$ die Projektion von w auf u.

Betrachtet man die Bahn *1...2* der Abb. 2 als Laufschaufel einer Kreiselmaschine, so bezeichnet man mit

Beizeichen 1 die Größen am Schaufeleintritt (also: u_1; c_1; w_1; α_1; β_1; c_{u_1}; c_{m_1}; w_{u_1});

Beizeichen 2 die Größen am Schaufelaustritt (also: u_2; c_2; w_2; α_2; β_2; c_{u_2}; c_{m_2}; w_{u_2}).

2. Gleichdruck- und Überdruckwirkung.

a) Gleichdruckwirkung (Aktion). Die gesamte Druckenergie der Flüssigkeit wird in einem Leitapparat (Düse) in Bewegungsenergie umgewandelt. Das Laufrad wird von dem Flüssigkeitsstrahl bei gleichbleibendem Druck durchflossen (Name!). Ob der Strahl die Laufrad-

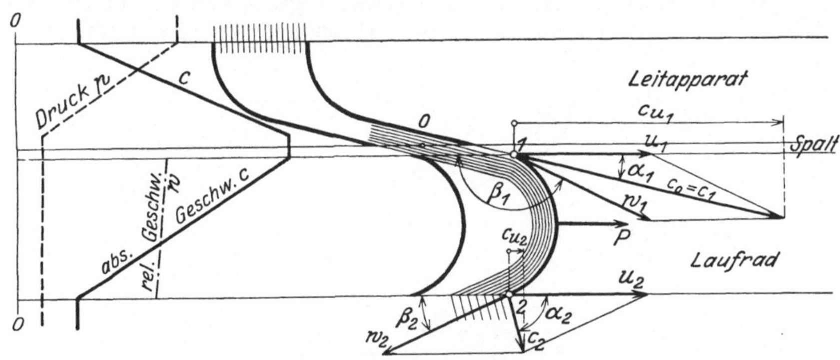

Abb. 4. Gleichdruckwirkung.

schaufeln ganz oder nur teilweise füllt, ist gleichgültig. Die Übertragung der Bewegungsenergie an das Laufrad erfolgt nur durch Umlenkung des Strahles (Aktion).

Bei der Umlenkung übt der Strahl auf die Laufradschaufel eine Kraft $P \ldots$ kg aus (Abb. 4). In der Gleichung:

$$\text{Kraft} = \text{Masse} \times \text{Beschleunigung,}$$

$$P = m \cdot p,$$

kann man setzen:

$$\text{Beschleunigung} = \frac{\text{Geschwindigkeitsänderung in Richtung der Kraft}}{\text{Zeit}}$$

$$p = c_1 \cdot \cos \alpha_1 - c_2 \cdot \cos \alpha_2 = c_{u_1} - c_{u_2} .$$

Damit wird:

$$\left| P = \frac{G}{g} (c_{u_1} - c_{u_2}) \right| \ldots \text{kg} . \tag{1}$$

Darin ist:

$G =$ Flüssigkeitsgewicht in kg/s,

$g = 9{,}81$ m/s^2.

Der Verlauf des Druckes p und der Geschwindigkeiten c und w in Leitapparat und Laufrad ist in Abb. 4 schematisch dargestellt.

In der vorliegenden Form gilt die Gleichung für Kraftmaschinen, bei denen der Flüssigkeitsstrahl seine Energie an die Laufradschaufel abgibt.

Bei den Arbeitsmaschinen soll die Schaufel die eingeleitete mechanische Energie an den Flüssigkeitsstrahl abgeben. Die Richtung von P ist dann umgekehrt. Damit drehen sich auch die Geschwindigkeiten u, c und w um 180°, d. h. die Geschwindigkeitsdiagramme sind dann nach oben gerichtet. Die Flüssigkeit tritt bei „2“ in die Laufradschaufel und bei „1“ heraus. Im Leitapparat wird die Bewegungsenergie in Druckenergie umgewandelt (Diffusorwirkung).

b) Überdruckwirkung (Reaktion). Im Leitapparat wird nur ein Teil der Druckenergie in Bewegungsenergie umgewandelt. Der Rest geht als Druckenergie mit in das vollständig gefüllte Laufrad und wird dort zur Vergrößerung der Relativgeschwindigkeit von w_1 auf w_2 verbraucht. Diese Beschleunigung des Flüssigkeitsstrahles ruft einen

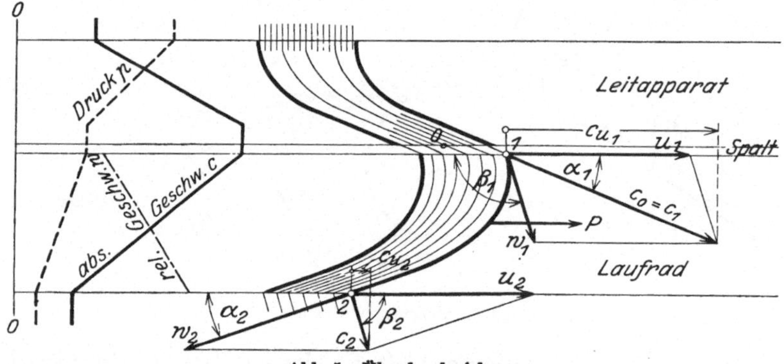

Abb. 5. Überdruckwirkung.

Rückdruck (Reaktion) auf die Laufradschaufel hervor. Nutzbar gemacht als Umfangskraft wird von diesem Rückdruck nur die Komponente, die in Richtung von u fällt (Abb. 5). Es gilt wie vorher:

$$P = m \cdot p,$$

$$P = \frac{G}{g}(c_1 \cdot \cos \alpha_1 - c_2 \cdot \cos \alpha_2) = \frac{G}{g}(c_{u_1} - c_{u_2}) \ldots \text{kg}. \qquad (2)$$

In dieser Form gilt die Gleichung für Kraftmaschinen. Bei Arbeitsmaschinen tritt die Flüssigkeit bei „2“ ein und bei „1“ aus. Ein Teil der eingeleiteten mechanischen Energie wird bereits im Laufrade selbst in Druckenergie umgewandelt. Der Rest, der als Bewegungsenergie bei „1“ vorhanden ist, wird im anschließenden Leitapparat (Diffusor) auch noch in Druckenergie umgewandelt.

An der Stelle „*1*“ ist gegenüber der Stelle „*2*“ stets ein Überdruck vorhanden. Deshalb spricht man von Überdruckwirkung.

Aus den Gleichungen (1) und (2) erkennt man, daß in bezug auf das Endergebnis Gleichdruckwirkung und Überdruckwirkung theoretisch gleichwertig sind.

Die Energieübertragung erfolgt bei Gleichdruck nur durch Strahlablenkung (Aktionswirkung), bei Überdruck dagegen durch Strahlablenkung und Rückdruck (Reaktionswirkung) gemeinsam. Die Unterscheidung in Aktionsturbinen und Reaktionsturbinen ist deshalb irreführend. Eschers Vorschlag, Turbinen mit staufreiem und gestautem Durchfluß zu unterscheiden, ist sehr anschaulich, hat sich aber nicht durchgesetzt. Heute unterscheidet man meist in Gleichdruck- und Überdruckmaschinen.

Das Verhältnis $\varrho = \dfrac{\text{im Laufrade umgesetzte Energie}}{\text{insgesamt umgesetzte Energie}}$ nennt man den Reaktionsgrad.

3. Die Stetigkeitsgleichung.

Für den Durchfluß einer Flüssigkeitsmenge $Q \ldots \text{m}^3/\text{s}$ durch einen Kanal vom beliebigen Querschnitt $f \ldots \text{m}^2$ gilt:

$$Q = f_1 \cdot c_1 = f_2 \cdot c_2 = f_3 \cdot c_3$$

oder allgemein

$$\boxed{Q = f \cdot c} \ldots \text{m}^3/\text{s}, \tag{3}$$

$c =$ Durchflußgeschwindigkeit in m/s.

Da beim Durchströmen $Q = \text{const}$ bleibt, kann man bei veränderlichen Querschnitten f_1; f_2 usw. (Abb. 6) schreiben:

$$f_1 \cdot c_1 = f_2 \cdot c_2 = \cdots = \text{const}$$

oder

$$\frac{f_1}{f_2} = \frac{c_2}{c_1};$$

d. h. die Geschwindigkeiten verhalten sich umgekehrt wie die Querschnitte.

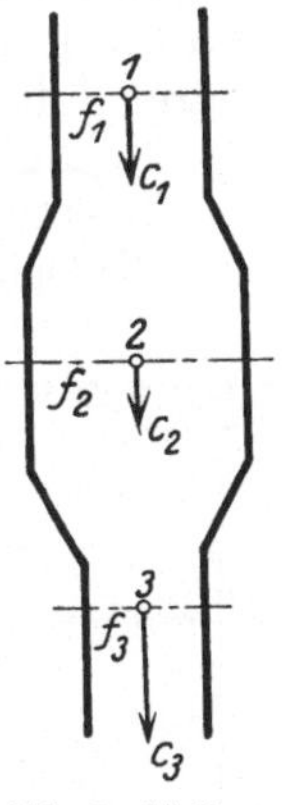

Abb. 6. Stetigkeitsgleichung.

Bei den Kreiselmaschinen hat die absolute Geschwindigkeit c gewöhnlich nicht die Durchflußrichtung. Die eigentliche Durchflußgeschwindigkeit ist dann die Meridionalgeschwindigkeit $c_m = c \cdot \sin \alpha$ (Abb. 3), zu der die Fläche $f_m \ldots \text{m}^2$ gehört. Dann ist:

$$\boxed{Q = f_m \cdot c_m} \ldots \text{m}^3/\text{s}. \tag{3a}$$

4. Energie der strömenden Flüssigkeit.

Steht eine ruhende Flüssigkeit unter einem bestimmten Druck, der etwa gegeben sei durch eine Flüssigkeitssäule von der Höhe $H \ldots \text{m}$, so besitzt sie eine bestimmte potentielle oder Druckenergie E_p, die zur Ausnützung verfügbar ist.

Wird die Druckenergie E_p verlustlos in die Bewegungsenergie E_k umgewandelt, so ist:

$$E_k = E_p.$$

Für die Bewegungsenergie gilt die Gleichung:

$$E_k = \frac{m \cdot c^2}{2} = \frac{G \cdot c^2}{g \cdot 2} \ldots \text{mkg},$$

worin c in m/s die Geschwindigkeit der strömenden Flüssigkeit ist.

Für $G = 1$ kg wird:

$$E_k = \frac{c^2}{2\,g} \ldots \text{mkg/kg} \; (= m\,!).$$

Die Gleichung hat die Dimension m; man bezeichnet darum $\dfrac{c^2}{2\,g}$ auch als Geschwindigkeitshöhe. Es ist aber zu beachten, daß die genaue Dimension mkg/kg ist.

Setzt man nach Obigem:

$$E_p = E_k = H,$$

so wird:

$$H = \frac{c^2}{2\,g} \quad \text{oder} \quad \left| c = \sqrt{2\,g \cdot H} \right| \ldots \text{m/s}. \tag{4}$$

Betrachtet man ein Flüssigkeitsteilchen vom Gewicht $G = 1$ kg im Punkte *1*, so hat es (unter Vernachlässigung der Reibung, bei stationärer d. h. wirbelfreier Strömung) in bezug auf die Ebene *0...0* (Abb. 7):

1. eine Lagenenergie h_1, die man auch geometrische Höhe nennt;

2. eine Druckenergie $p_1 = \mathfrak{h}_1 \cdot \gamma$, d. h. die Druckenergie vermag das Flüssigkeitsteilchen auf die Höhe $\mathfrak{h}_1 \ldots$ m zu heben. Die Höhe $\mathfrak{h}_1$ heißt deshalb manometrische Höhe oder Druckhöhe;

3. eine Bewegungsenergie $\dfrac{c^2}{2\,g}$, die sog. Geschwindigkeitshöhe.

Die Gesamtenergie des Flüssigkeitsteilchens im Punkte *1* ist also:

$$h_1 + \mathfrak{h}_1 + \frac{c_1^2}{2\,g} = h_1 + \frac{p_1}{\gamma} + \frac{c_1^2}{2\,g}.$$

Ebenso ist die Gesamtenergie in einem Punkte *2*:

$$h_2 + \frac{p_2}{\gamma} + \frac{c_2^2}{2\,g}.$$

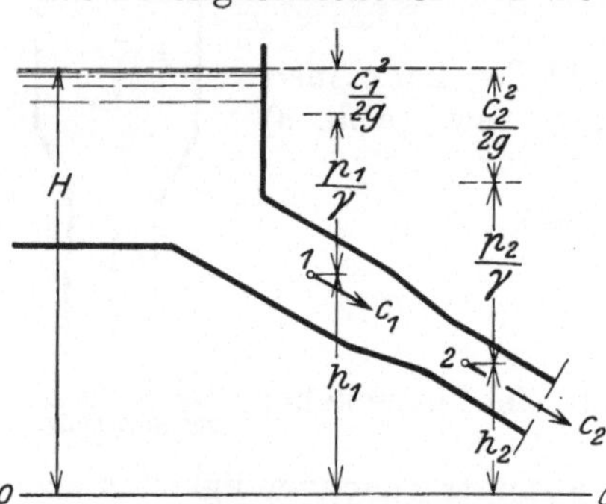

Abb. 7. Bernoullische Grundgleichung.

Der strömenden Flüssigkeit wird keine Energie entzogen; der Energieinhalt H bleibt also gleich. Demnach ist:

$$H = h_1 + \frac{p_1}{\gamma} + \frac{c_1^2}{2\,g} = h_2 + \frac{p_2}{\gamma} + \frac{c_2^2}{2\,g} = \text{const}$$

oder allgemein:

$$\left| h + \frac{p}{\gamma} + \frac{c^2}{2\,g} = \text{const} \right| \tag{5}$$

Bei reibungsfreier, stationärer Strömung bleibt die Summe der geometrischen Höhe Druckhöhe und Geschwindigkeitshöhe gleich groß (Satz von Bernoulli).

5. Die Turbinenhauptgleichung.

a) Für Kraftmaschinen. Zur Ausnutzung im Laufrade bietet die Flüssigkeit, bezogen auf 1 kg, eine Energiemenge $H \ldots$ mkg/kg dar. Nach Bernoullis Grundgleichung muß die Gesamtenergie an jeder

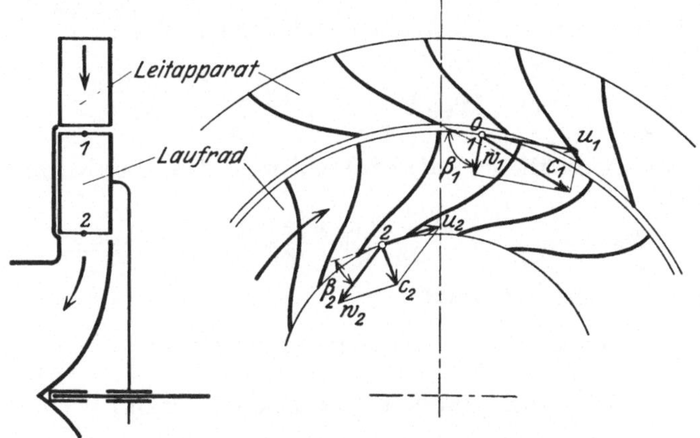

Abb. 8. Schema der rotierenden Kraftmaschine.

Stelle der durchflossenen Kanäle gleich groß sein. Unter Vernachlässigung der Reibungsverluste lautet die Grundgleichung

1. für Laufradeintritt (Punkt *1* der Abb. 8):

$$H = \frac{c_1^2}{2g} + \frac{p_1}{\gamma} \, ;$$

2. für Laufradaustritt (Punkt *2*):

$$H = \frac{c_2^2}{2g} + \frac{p_2}{\gamma} + E_L \, .$$

In diesen Gleichungen bedeuten:

c_1 bzw. c_2 die absoluten Geschwindigkeiten am Laufradeintritt bzw. Laufradaustritt;

$\frac{p_1}{\gamma}$ bzw. $\frac{p_2}{\gamma}$ die Druckenergie am Laufradeintritt bzw. Laufradaustritt;

E_L die an das Laufrad abgegebene Energie.

Durch Gleichsetzung erhält man:

$$E_L + \frac{p_2}{\gamma} + \frac{c_2^2}{2g} = \frac{p_1}{\gamma} + \frac{c_1^2}{2g}$$

oder

$$E_L = \frac{c_1^2 - c_2^2}{2g} + \frac{p_1 - p_2}{\gamma} \ldots \text{mkg/kg.}$$

Der Ausdruck $\frac{p_1 - p_2}{\gamma}$ stellt die Druckenergiedifferenz zwischen Laufradeintritt und Laufradaustritt dar. Dadurch ergibt sich eine Überdruckwirkung im Laufrade. (Bei Gleichdruck wäre $p_1 = p_2$, d. h. $\frac{p_1 - p_2}{\gamma} = 0$.) Diese Druckenergiedifferenz dient

1. zur Überwindung der Fliehkraftwirkung der im Laufrade befindlichen Flüssigkeitsmenge. Die dazu erforderliche Druckenergie ist gleich der Differenz der Umfangsgeschwindigkeitshöhen $\dfrac{u_1^2 - u_2^2}{2\,g}$;

2. zur Vergrößerung der Relativgeschwindigkeit von w_1 auf w_2. Die zugehörige Geschwindigkeitshöhendifferenz ist $\dfrac{w_2^2 - w_1^2}{2\,g}$.

Mithin ist:

$$\frac{p_1 - p_2}{\gamma} = \frac{u_1^2 - u_2^2}{2\,g} + \frac{w_2^2 - w_1^2}{2\,g}\,.$$

Oben eingesetzt erhält man die **erste Form der Turbinenhauptgleichung**:

$$\left| E_L = \frac{c_1^2 - c_2^2}{2\,g} + \frac{u_1^2 - u_2^2}{2\,g} + \frac{w_2^2 - w_1^2}{2\,g} \right| \;\dots\; \text{mkg/kg.} \tag{6}$$

In dieser Gleichung stellt dar

$\dfrac{c_1^2 - c_2^2}{2\,g}$ die durch Strahlablenkung (Aktion), und

$\dfrac{u_1^2 - u_2^2}{2\,g} + \dfrac{w_2^2 - w_1^2}{2\,g}$ die durch Rückdruck (Reaktion)

an das Laufrad übertragene Energie.

Die reine Reaktionsturbine müßte der Bedingung $\dfrac{c_1^2 - c_2^2}{2\,g} = 0$, d. h. also: $c_1 = c_2$, genügen. Solche Turbinen kommen praktisch nicht vor.

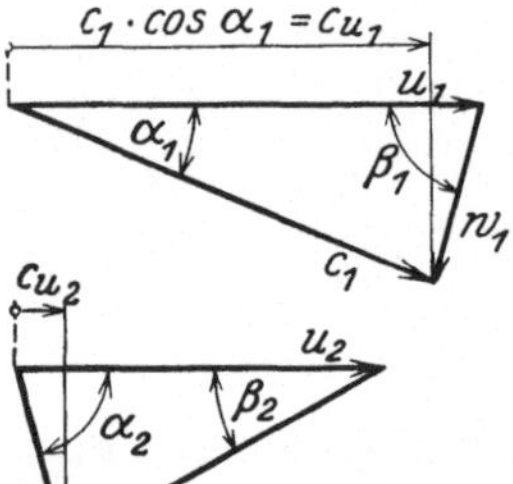

Die Gl. (6) kann man schreiben:

$$E_L = \frac{1}{2\,g}\,(c_1^2 - c_2^2 + u_1^2 - u_2^2 + w_2^2 - w_1^2)\,.$$

Nach dem Cosinussatz ist
1. für das Eintrittsdreieck (Abb. 9)

$$w_1^2 = c_1^2 + u_1^2 - 2 \cdot u_1 \cdot c_1 \cdot \cos \alpha_1\,.$$

2. für das Austrittsdreieck (Abb. 9)

$$w_2^2 = c_2^2 + u_2^2 - 2 \cdot u_2 \cdot c_2 \cdot \cos \alpha_2\,.$$

Abb. 9. Geschwindigkeitsdreiecke für Ein- und Austritt. Eingesetzt wird:

$$E_L = \frac{1}{2\,g}\,(c_1^2 - c_2^2 + u_1^2 - u_2^2 + c_2^2 + u_2^2 - 2 \cdot u_2 \cdot c_2 \cdot \cos \alpha_2 - c_1^2 - u_1^2$$
$$+ 2 \cdot u_1 \cdot c_1 \cdot \cos \alpha_1)\,,$$

$$E_L = \frac{1}{2\,g} \cdot 2\,(u_1 \cdot c_1 \cdot \cos \alpha_1 - u_2 \cdot c_2 \cdot \cos \alpha_2)\,.$$

Nun ist:

$$c_1 \cdot \cos \alpha_1 = c_{u_1} \quad \text{und} \quad c_2 \cdot \cos \alpha_2 = c_{u_2}\,,$$

also:

$$E_L = \frac{1}{g}\,(u_1 \cdot c_{u_1} - u_2 \cdot c_{u_2})\;\dots\;\text{mkg/kg.}$$

Bezogen auf 1 kg der Flüssigkeit ist die theoretisch übertragbare Energie E_L gleich der vorhandenen Energie H. Praktisch treten aber bei der Energieübertragung an die Laufradschaufel Verluste auf:

1. durch Reibung an den Kanalwänden, durch Wirbelbildung und durch Spalte. Man drückt diese Verluste durch einen Prozentsatz ε von H aus.

2. durch die Austrittsgeschwindigkeit c_2, der ein Energieverlust $\frac{c_2^2}{2\,g}$ entspricht.

Die wirklich an das Laufrad übertragene Energie ist also:

$$E_L = H - \varepsilon \cdot H - \frac{c_2^2}{2\,g} = H\left(1 - \varepsilon - \frac{c_2^2}{2\,g \cdot H}\right).$$

Den Ausdruck $1 - \varepsilon - \dfrac{c_2^2}{2\,g\,H} = \eta_h$ nennt man den **hydraulischen Wirkungsgrad.** Es wird

$$E_L = \eta_h \cdot H$$

und damit erhält man die **zweite Form der Turbinenhauptgleichung:**

$$\left|\,\eta_h \cdot g \cdot H = u_1 \cdot c_{u_1} - u_2 \cdot c_{u_2}\,\right|. \tag{7}$$

Diese Gleichung besagt, daß die übertragbare Energie nur vom Zustande der Ein- und Austrittsgeschwindigkeiten, d. h. also von der Schaufelform bei Punkt *1* und *2* der Abb. 8, abhängt. Wie die Schaufel zwischen *1* und *2* gestaltet ist, ist theoretisch belanglos, praktisch allerdings sehr wesentlich.

Für $\alpha_2 = 90^0$ wird $c_{u_2} = 0$ und:

$$\left|\,\eta_h \cdot g \cdot H = u_1 \cdot c_{u_1}\,\right|. \tag{7a}$$

Bei **arbeitsfreier Strömung** wird keine Energie an die Laufradschaufel übertragen. Es ist: $H = 0$; damit wird:

$$u_1 \cdot c_{u_1} - u_2 \cdot c_{u_2} = \eta_h \cdot g \cdot H = 0\,,$$

$$u_1 \cdot c_{u_1} = u_2 \cdot c_{u_2}$$

oder allgemein:

$$\left|\,u \cdot c_u = \text{const.}\,\right| \tag{8}$$

Da $u = \dfrac{2 \cdot r \cdot \pi \cdot n}{60}$, sind u und r proportional. Infolgedessen ist auch:

$$\left|\,r \cdot c_u = \text{const.}\,\right| \tag{8a}$$

b) Für Arbeitsmaschinen. Bei diesen wird die Energie von der Laufradschaufel an die Flüssigkeit übertragen. Die Drehrichtung ist entgegengesetzt der der Kraftmaschinen. Damit kehren sich auch die Geschwindigkeitsrichtungen um (Abb. 10). Das Laufrad wird in umgekehrter Richtung durchflossen.

Die an die Flüssigkeit übertragene Energie ist:

$$E_F = \frac{c_2^2 - c_1^2}{2\,g} + \frac{p_2 - p_1}{\gamma}$$

und dementsprechend lautet die erste Form der Turbinenhauptgleichung:

$$\left|\,E_F = \frac{c_2^2 - c_1^2}{2\,g} + \frac{u_2^2 - u_1^2}{2\,g} + \frac{w_1^2 - w_2^2}{2\,g}\,\right| \ldots \text{mkg/kg.} \tag{9}$$

Darin bedeutet:

$\dfrac{c_2^2 - c_1^2}{2\,g}$ die Bewegungsenergie, die erst im Leitapparat (Diffusor) in Druckenergie umgewandelt wird; und

$\dfrac{u_2^2 - u_1^2}{2\,g} + \dfrac{w_1^2 - w_2^2}{2\,g}$ die Zunahme der Druckenergie im Laufrade

selbst.

In gleicher Weise wie vorher ergibt sich aus Gl. (9) die zweite Form

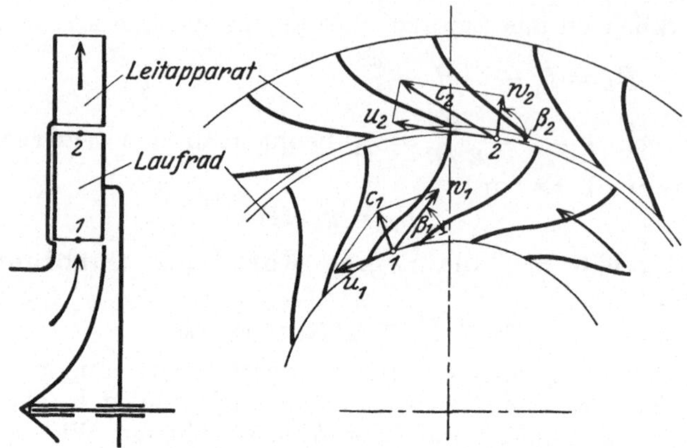

Abb. 10. Schema der rotierenden Arbeitsmaschine.

der Turbinenhauptgleichung, wobei zu beachten ist, daß der Wirkungsgrad bei Arbeitsmaschinen im Nenner steht:

$$\left| \frac{g \cdot H}{\eta_h} = u_2 \cdot c_{u_2} - u_1 \cdot c_{u_1} \right|. \tag{10}$$

Setzt man $\alpha_1 = 90^0$, d. h. $c_{u_1} = 0$, so wird:

$$\left| \frac{g \cdot H}{\eta_h} = u_2 \cdot c_{u_2} \right|. \tag{10a}$$

II. Die Wasserturbinen.

A. Allgemeines.

6. Berechnung der Leistung.

Bei den Wasserturbinen ist meist gegeben die Wassermenge $Q \ldots \mathrm{m^3/s}$ und die Gefällshöhe $H \ldots \mathrm{m}$; daraus berechnet man die Leistung:

$$\left| N_e = \frac{Q \cdot \gamma \cdot H \cdot \eta}{75} \right| \ldots \mathrm{PS_e}. \tag{11}$$

Darin ist:

$\gamma = 1000 \ \mathrm{kg/m^3} = $ spezifisches Gewicht des Wassers,

$\eta = 0{,}75 \ \mathrm{bis} \ 0{,}92 = $ Gesamt-Wirkungsgrad der Turbine.

Setzt man $\eta = 0{,}75$, so wird:

$$\left| N = \frac{Q \cdot 1000 \cdot H \cdot 0{,}75}{75} = 10 \cdot Q \cdot H \right| \ldots \text{PS} . \qquad (11\,\text{a})$$

Die Gleichung $N = 10 \cdot Q \cdot H$ darf nur für rohe Überschlagsrechnungen verwendet werden.

7. Wirkungsgrade.

Beim Durchströmen des Wassers durch die Turbine treten Reibungsverluste, Wirbelverluste, Spaltverluste und der Austrittsverlust auf, die man als hydraulische Verluste bezeichnet. Die hydraulische Leistung, d. h. die vom Wasser an die Schaufeln übertragene Leistung, ist also kleiner als die theoretische Leistung. Man bezeichnet

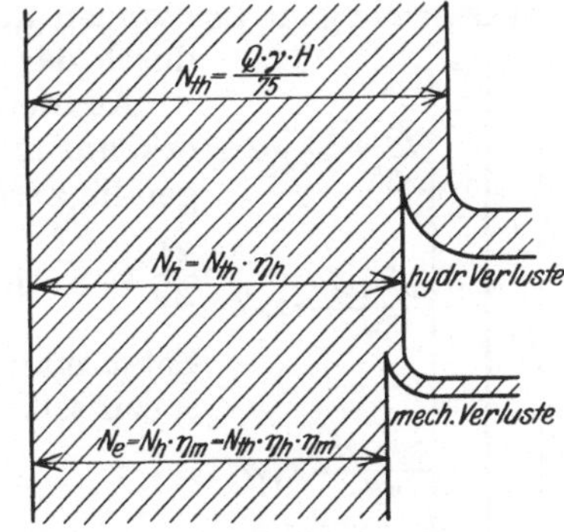

Abb. 11.   Sankey-Diagramm für Wasserturbinen.

$$\eta_h = \frac{\text{theoretische Leistung} - \text{hydraulische Verluste}}{\text{theoretische Leistung}}$$

$$= \frac{\text{hydraulische Leistung}}{\text{theoretische Leistung}} = \frac{N_h}{N_{th}} \quad \text{als hydraulischen Wirkungsgrad.}$$

Vom Laufrade bis zur Kupplung treten noch Reibungsverluste in den Lagern, Verluste durch Antrieb der Hilfsmaschinen (Regler, Ölpumpen usw.) auf. Die an die Kupplung abgegebene Leistung, d. h. die Effektivleistung N_e, ist kleiner als die hydraulische Leistung N_h. Man bezeichnet:

$$\eta_m = \frac{\text{hydraulische Leistung} - \text{mechanische Verluste}}{\text{hydraulische Leistung}}$$

$$= \frac{\text{Effektivleistung}}{\text{hydraulische Leistung}} = \frac{N_e}{N_h} \quad \text{als mechanischen Wirkungsgrad.}$$

Der Gesamtwirkungsgrad η ist dann:

$$\left| \eta = \frac{\text{Effektivleistung}}{\text{theoretische Leistung}} = \frac{N_e}{N_{th}} = \frac{N_e}{N_h} \cdot \frac{N_h}{N_{th}} = \eta_m \cdot \eta_h \right| . \qquad (12)$$

Der Wirkungsgrad ist je nach Größe der Turbine und Güte der Ausführung verschieden[1].

Zahlenwerte:
$$\eta_m = 0{,}94 \text{ bis } 0{,}99 ,$$
$$\eta_h = 0{,}80 \text{ bis } 0{,}93 ,$$
$$\eta = 0{,}75 \text{ bis } 0{,}92 .$$

---

[1] **Stauffer:** Einflüsse auf den Wirkungsgrad von Wasserturbinen. Z. V. d. I. 1925, S. 415.

8. Die Einheitsgrößen.

Unter den Einheitsgrößen oder spezifischen Größen versteht man die auf ein Gefälle $H = 1\,\mathrm{m}$ bezogenen Geschwindigkeiten, Drehzahlen, Wassermengen, Leistungen und Momente. Die Einheitsgrößen werden durch das Beizeichen I gekennzeichnet.

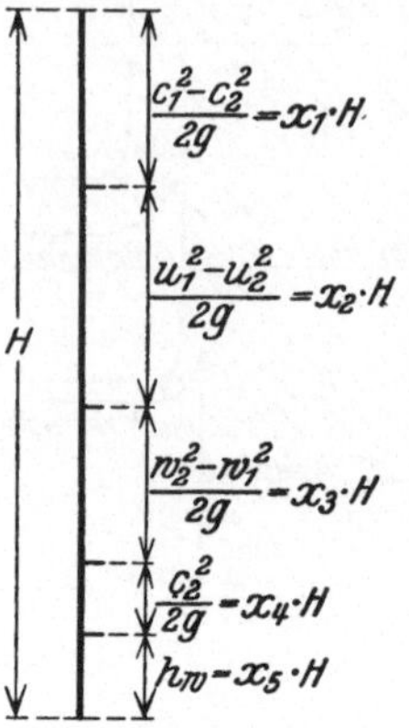

Aus der schematischen Gefälleaufteilung (Abb. 12) erkennt man, daß zu jeder Geschwindigkeit ein Teilgefälle $x \cdot H$ des Gesamtgefälles H gehört. Es ist z.B.:

$$\frac{c_2^2}{2g} = x_4 \cdot H \quad \text{oder} \quad c_2 = \sqrt{2g \cdot x_4 \cdot H} = \sqrt{2g \cdot x_4} \cdot \sqrt{H}.$$

Setzt man jetzt das Gefälle $H = 1\,\mathrm{m}$, so wird die spezifische Geschwindigkeit:

$$c_{2_I} = \sqrt{2g \cdot x_4}$$

$$c_2 = \sqrt{2g \cdot x_4} \cdot \sqrt{H} = c_{2_I} \cdot \sqrt{H}; \qquad c_{2_I} = \frac{c_2}{\sqrt{H}}$$

oder allgemein

$$\left| c_I = \frac{c}{\sqrt{H}} \right| \ldots \mathrm{m/s}, \tag{13}$$

Abb. 12. Schematische Gefälleaufteilung.

d. h. die spezifische Geschwindigkeit ist gleich der wirklichen Geschwindigkeit, dividiert durch die Wurzel aus der Gefällshöhe.

Für die Umfangsgeschwindigkeit gilt ebenso:

$$\left| u_I = \frac{u}{\sqrt{H}} \right| \ldots \mathrm{m/s}. \tag{14}$$

Da die Drehzahl n der Umfangsgeschwindigkeit proportional ist, wird auch:

$$\left| n_I = \frac{n}{\sqrt{H}} \right| \ldots \mathrm{U/min}. \tag{15}$$

Die sekundliche Wassermenge ist:

$$Q = f_m \cdot c_m; \qquad \frac{Q}{\sqrt{H}} = f_m \cdot \frac{c_m}{\sqrt{H}} = f_m \cdot c_{m_I}; \qquad f_m \cdot c_{m_I} = Q_I,$$

$$\left| Q_I = \frac{Q}{\sqrt{H}} \right| \ldots \mathrm{m^3/s}. \tag{16}$$

Die Leistung der Turbine ist:

$$N = \frac{Q \cdot \gamma \cdot H \cdot \eta}{75} \cdots \mathrm{PS}; \qquad N_I = \frac{Q_I \cdot \gamma \cdot \eta}{75} \cdots \mathrm{PS},$$

$$N = \frac{Q_I \cdot \sqrt{H} \cdot \gamma \cdot H \cdot \eta}{75} = N_I \cdot \sqrt{H} \cdot H = N_I \cdot H^{1,5},$$

also ist die spezifische Leistung:

$$\left| N_I = \frac{N}{H^{1,5}} \right| \ldots \mathrm{PS}. \tag{17}$$

Jede Turbine ist für ein bestimmtes Gefälle $H\ldots$m gebaut. Ändert sich das Gefälle von H auf H', so ändern sich Wassermenge, Drehzahl und Leistung wie folgt:

$$Q = Q_I \cdot \sqrt{H}, \qquad n = n_I \cdot \sqrt{H}, \qquad N = N_I \cdot H^{1,5},$$

$$Q' = Q_I \cdot \sqrt{H'}, \qquad n' = n_I \cdot \sqrt{H'}, \qquad N' = N_I H'^{1,5}.$$

$$\left| \frac{Q}{Q'} = \frac{\sqrt{H}}{\sqrt{H'}} \right| \ (16\,\mathrm{a}) \qquad \left| \frac{n}{n'} = \frac{\sqrt{H}}{\sqrt{H'}} \right| \ (15\,\mathrm{a}) \qquad \left| \frac{N}{N'} = \frac{H^{1,5}}{H'^{1,5}} \right| \ (17\,\mathrm{a})$$

Dabei ist vorausgesetzt, daß der Wirkungsgrad sich nicht ändert. Das trifft aber praktisch nicht ganz zu[1].

Beispiel. Eine Turbine leistet normal 135 PS bei 3 m Gefälle, 4 m³/s Wassermenge und 75 U/min. Wie ändert sich Wassermenge, Drehzahl und Leistung, wenn das Gefälle auf 2 m zurückgeht?

$$n' = \frac{n \cdot \sqrt{H'}}{\sqrt{H}} = \frac{75 \cdot \sqrt{2}}{\sqrt{3}} = 61,3 \ \mathrm{U/min},$$

$$Q' = \frac{Q \cdot \sqrt{H'}}{\sqrt{H}} = \frac{4 \cdot \sqrt{2}}{\sqrt{3}} = 3,26 \ \mathrm{m^3/s},$$

$$N' = \frac{N \cdot H'^{1,5}}{H^{1,5}} = \frac{135 \cdot 2^{1,5}}{3^{1,5}} = 73,4 \ \mathrm{PS}.$$

Bei gleichen Umfangsgeschwindigkeiten $\left(u = \dfrac{D \cdot \pi \cdot n}{60} \right)$ verhalten sich die Drehzahlen zweier Turbinen gleicher Bauart umgekehrt wie die Durchmesser:

$$\frac{n}{n'} = \frac{D'}{D}.$$

Bei gleichen Durchflußgeschwindigkeiten verhalten sich andererseits die Wassermengen $\left(Q = \dfrac{\pi \cdot D^2}{4} \cdot c_m \right)$ wie die Quadrate der Durchmesser:

$$\frac{Q}{Q'} = \frac{D^2}{D'^2} \quad \text{oder} \quad \frac{D'}{D} = \frac{\sqrt{Q'}}{\sqrt{Q}}.$$

Damit wird: $\dfrac{n}{n'} = \dfrac{\sqrt{Q'}}{\sqrt{Q}}$; und mit $\sqrt{H}$ erweitert:

$$\frac{n}{n'} = \frac{\sqrt{Q'} \cdot \sqrt{H}}{\sqrt{Q} \cdot \sqrt{H}} = \frac{\sqrt{N'}}{\sqrt{N}}; \qquad n = n' \cdot \frac{\sqrt{N'}}{\sqrt{N}}.$$

Setzt man: $N = 1$ PS; so ist: $n = n' \cdot \sqrt{N'}$. Bringt man die Turbine jetzt noch unter das Einheitsgefälle $H = 1$ m, so ist ihre Drehzahl:

$$\left| n_s = n_I \cdot \sqrt{N_I} \right|. \tag{18}$$

Diese Drehzahl n_s wird nach Camerers Vorschlag als „spezifische Drehzahl" bezeichnet.

---

[1] Karraß: Die Einheitsgrößen der Francisturbinen unter wechselnden Bedingungen. Z. V. d. I. 1923, S. 346.

Die spezifische Drehzahl ist die Drehzahl der Turbine bei 1 m Gefälle und 1 PS Leistung.

Setzt man in obige Gleichung

$$n_I = \frac{n}{\sqrt{H}} \quad \text{und} \quad N_I = \frac{N}{H^{1,5}} = \frac{N}{\sqrt{H^3}}$$

ein, so wird:

$$\left| n_s = \frac{n}{\sqrt{H}} \cdot \sqrt{\frac{N}{\sqrt{H^3}}} = \frac{n \cdot \sqrt{N}}{H \sqrt[4]{H}} \right|. \tag{18a}$$

9. Die Turbinenbauarten.

Aus der Gl. (18) erkennt man, daß die spezifische Drehzahl von der baulichen Größe der Turbine nicht abhängig ist. Unter der gleichen spezifischen Drehzahl n_s kann man eine große Anzahl von Ausführungen mit verschiedenen Drehzahlen, Wassermengen, Gefällshöhen und Leistungen zusammenfassen. Sind diese Ausführungen auch hinsichtlich ihrer Größenabmessungen verschieden, so sind sie doch geometrisch ähnlich, d. h. sie lassen sich durch Vergrößerung oder Verkleinerung einer Grundtype von gleichem n_s herstellen.

Je nach der spezifischen Drehzahl unterscheidet man folgende Bauarten:

Charakteristik	Bauart	spezif. Drehzahl
Gewichtsrad	Wasserrad	1 bis 10
Gleichdruckturbine	Peltonrad, 1 Düse	5 bis 25
,,	,, 2 Düsen	20 bis 40
Überdruckturbine	Francis-Langsamläufer	60 bis 100
,,	,, -Normalläufer	100 bis 200
,,	,, -Schnelläufer	200 bis 350
,,	,, -Hochschnelläufer	350 bis 450
,,	Propellerturbine	400 bis 700
,,	Kaplanturbine	450 bis 1000

Ist für den Ausbau einer Wasserkraftanlage eine bestimmte Drehzahl n vorgeschrieben, so kann die daraus sich ergebende spezifische Drehzahl n_s unter Umständen die Zahlenwerte obiger Tabelle überschreiten. Mit Rücksicht auf die Ausführungsmöglichkeit muß dann die Gesamtleistung $N \ldots$ PS auf mehrere Turbinen verteilt werden. Jede dieser i Turbinen hat eine Leistung $\frac{N}{i} \ldots$ PS.

Wäre die spezifische Drehzahl bei nur einer Turbine $n_s = \dfrac{n \cdot \sqrt{N}}{H \sqrt[4]{H}}$, so wird bei i Turbinen die spez. Drehzahl einer Turbine:

$$n_s' = \frac{n}{H \cdot \sqrt[4]{H}} \sqrt{\frac{N}{i}} = \frac{n \cdot \sqrt{N}}{H \sqrt[4]{H}} \cdot \frac{1}{\sqrt{i}} = n_s \cdot \frac{1}{\sqrt{i}},$$

also:

$$\left| n_s' = \frac{n_s}{\sqrt{i}} \right|.$$

Bei Peltonrädern ist i die Anzahl der Düsen.

Beispiel 1. Gegeben: $Q = 0,3 \text{ m}^3/\text{s}$; $H = 200 \text{ m}$; $n = 600 \text{ U/min}$. Welche Bauart ist zu wählen?

$$N = \sim 10 \cdot Q \cdot H = 10 \cdot 0,3 \cdot 200 = \sim 600 \text{ PS},$$

$$n_s = \frac{n \cdot \sqrt{N}}{H \sqrt[4]{H}} = \frac{600 \cdot \sqrt{600}}{200 \cdot \sqrt[4]{200}} = 19,5.$$

Gewählt: Peltonrad mit 1 Düse.

Beispiel 2. Gegeben: $Q = 2 \text{ m}^3/\text{s}$; $H = 8 \text{ m}$; $n_s = 275$. Bauart und Drehzahl sind zu ermitteln.

$$N = \sim 10 \cdot Q \cdot H = 10 \cdot 2 \cdot 8 = 160 \text{ PS},$$

$$n = \frac{n_s \cdot H \cdot \sqrt[4]{H}}{\sqrt{N}} = \frac{275 \cdot 8 \cdot \sqrt[4]{8}}{\sqrt{160}} = \sim 300 \text{ U/min},$$

$n_s = 275$ ergibt: Francisschnelläufer.

Beispiel 3. Gegeben: $Q = 40 \text{ m}^3/\text{s}$; $H = 4 \text{ m}$; $n = 200 \text{ U/min}$. Welche Bauart ist zu wählen?

$$N = 10 \cdot Q \cdot H = 10 \cdot 40 \cdot 4 = 1600 \text{ PS},$$

$$n_s = \frac{200 \cdot \sqrt{1600}}{4 \cdot \sqrt[4]{4}} = \sim 1420,$$

$n_s = 1420$ ist in einer Turbine nicht ausführbar. Deshalb sei gewählt je Turbine ein $n_s' = 710$ (Propeller- oder Kaplanturbinen).
Nun ist:

$$n_s' = \frac{n_s}{\sqrt{i}}; \qquad i = \left(\frac{n_s}{n_s'}\right)^2 = \left(\frac{1420}{710}\right)^2 = 4.$$

Gewählt: 4 Propeller- oder Kaplanturbinen, von denen jede

$$\frac{N}{4} = \frac{1600}{4} = \sim 400 \text{ PS}.$$

leistet.

Da $N = 10 \cdot Q \cdot H$ nur eine rohe Überschlagsformel darstellt, kann die Wahl der Bauart in obigen Beispielen nur vorläufig sein. Die endgültige Wahl kann erst getroffen werden, wenn man ungefähr zu erwartenden Wirkungsgrad der Turbine kennt, ihn in die Leistungsgleichung $N = \dfrac{Q \cdot \gamma \cdot H \cdot \eta}{75} \ldots \text{PS}$ einführt und danach die spez. Drehzahl errechnet.

B. Die Peltonturbine.

10. Allgemeines.

Die Peltonturbine ist eine teilweise beaufschlagte Freistrahlturbine (Gleichdruckturbine), deren allgemeiner Aufbau in Abb. 13 dargestellt ist. Die Beaufschlagung erfolgt durch 1 bis 3 Düsen. Die Regelung der Wassermenge und damit die Anpassung der Leistung an den Bedarf geschieht in einfacher Weise durch eine Düsennadel, die mehr oder weniger in die Düsenöffnung hineinragt und damit den Strahlquerschnitt verkleinert oder vergrößert. Der kreisrunde Strahl wird von den doppelellipsoidförmigen Schaufeln (auch „Becher" oder „Löffel" genannt) in der Mitte zerschnitten und nach beiden Seiten in axialer Richtung abgelenkt. Daher wird die Peltonturbine mitunter auch als Doppel-axialturbine bezeichnet. Ein Axialschub tritt theoretisch nicht auf, da der Strahl von der Becherschneide halbiert wird.

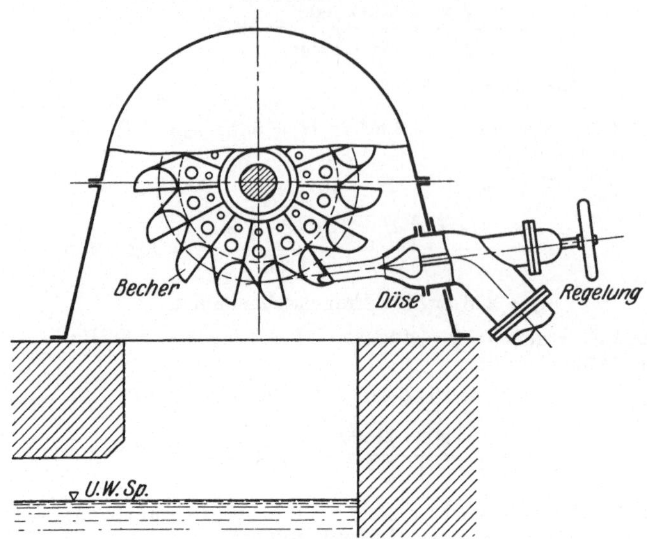

Abb. 13. Allgemeiner Aufbau der Peltonturbinen.

Die Peltonturbine wird verwendet für Gefälle von 30 bis 1600 m und relativ kleine Wassermengen. Der Gesamtwirkungsgrad beträgt etwa:

$$\eta = 0,8 \text{ bis } 0,85 \quad \text{bei kleinen Leistungen,}$$
$$\eta = 0,85 \text{ bis } 0,9 \quad \text{bei mittleren Leistungen,}$$
$$\eta = 0,9 \text{ bis } 0,925 \text{ bei großen Leistungen.}$$

Den Verlauf des Druckes und der Geschwindig-keiten in Düse und Laufrad zeigt die Abb. 14.

11. Die Theorie der Peltonturbine.

Der aus der Düse austretende Strahl hat die Geschwindigkeit

$$c_0 = \sqrt{2g(H - h_w)}$$
$$= \varphi_d \sqrt{2g \cdot H} \quad \dots \text{ m/s}. \quad (19)$$

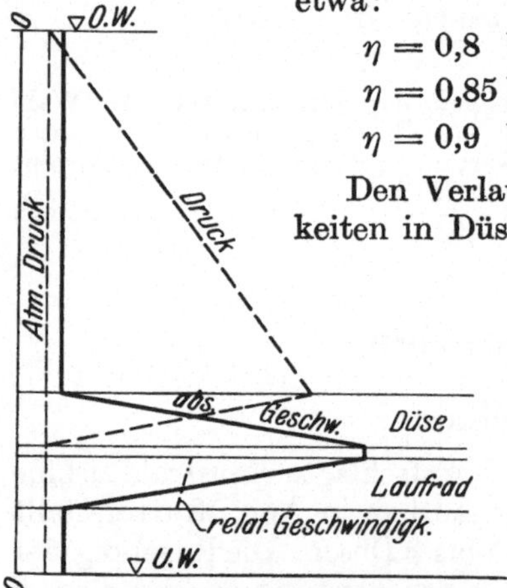

Abb. 14. Druck- und Geschwindigkeits-verlauf bei der Peltonturbine.

Der Geschwindigkeitsbeiwert der Düse $\varphi_d = 0,96$ bis $0,98$ berücksichtigt die Reibungsverluste (h_w) in der Düse. Um diese Verluste möglichst klein zu halten, wird die stählerne Nadel und die Innenfläche des (aus Bronze oder Stahlguß bestehenden) Düsen-mundstückes geschliffen.

Aus der Geschwindigkeit c_0 und der Wassermenge $Q \ldots \mathrm{m}^3/\mathrm{s}$ errechnet sich der Strahldurchmesser:

$$Q = f \cdot c_0; \qquad f = \frac{\pi \cdot d^2}{4}; \qquad \left. \begin{array}{c} \\ d = \sqrt{\frac{4 \cdot Q}{\pi \cdot c_0}} \cdots \mathrm{m}. \end{array} \right\} (20)$$

Die Turbinenhauptgleichung

$$\eta_h \cdot g \cdot H = u_1 \cdot c_{u_1} - u_2 \cdot c_{u_2}$$

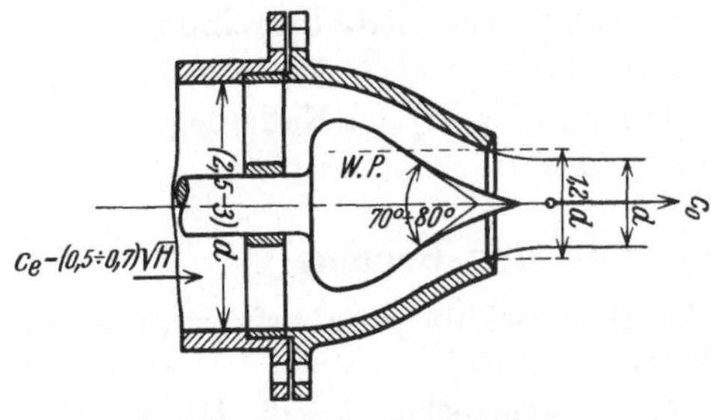

Abb. 15. Düse der Peltonturbine.

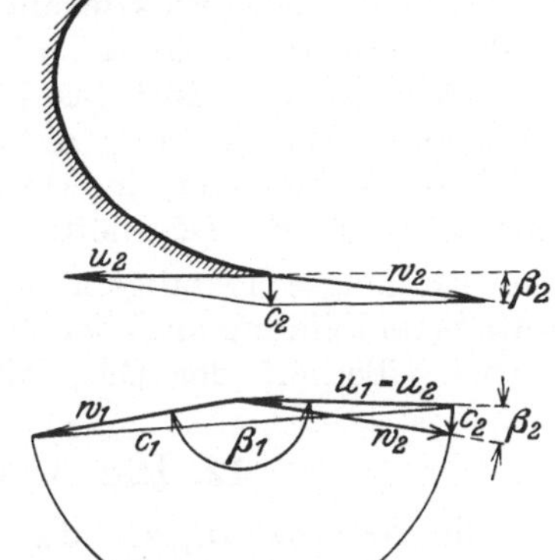

Abb. 16. Geschwindigkeitsdiagramme der Peltonturbine.

geht mit $\alpha_2 = 90^0$, d. h. $c_{u_2} = 0$, in die Form

$$\eta_h \cdot g \cdot H = u_1 \cdot c_{u_1}$$

über. Man erkennt aus Abb. 16, daß man hier etwa setzen kann:

$$c_{u_1} = c_1 = c_0.$$

Mit $c_0 = \varphi_d \sqrt{2gH}$ erhält man dann:

$$u_1 = \frac{\eta_h \cdot g \cdot H}{c_0} = \frac{\eta_h \cdot g \cdot H}{\varphi_d \cdot \sqrt{2gH}} = \frac{\eta_h \cdot g}{\varphi_d \cdot \sqrt{2g}} \cdot \sqrt{H}.$$

Setzt man:

a) $\eta_h = 0,85; \qquad \varphi_d = 0,97;$

so wird:

$$u_1 = \frac{\eta_h \cdot g}{\varphi_d \sqrt{2g}} \cdot \sqrt{H} = \frac{0,85 \cdot 9,81}{0,97 \cdot 4,43} \sqrt{H} = 1,94 \cdot \sqrt{H}.$$

Nun ist:

$$c_0 = \varphi_d \cdot \sqrt{2g} \cdot \sqrt{H} = 0,97 \cdot 4,43 \cdot \sqrt{H} = 4,3 \cdot \sqrt{H},$$

damit wird:

$$\frac{u_1}{c_0} = \frac{1,94 \cdot \sqrt{H}}{4,3 \cdot \sqrt{H}} = 0,45 \quad \text{oder} \quad u_1 = 0,45 \cdot c_0.$$

b)   für $\eta_h = 0,95; \qquad \varphi_d = 0,97$

wird

$$u_1 = \frac{0,95 \cdot 9,81}{0,97 \cdot 4,43} \cdot \sqrt{H} = 2,16 \cdot \sqrt{H}$$

und

$$\frac{u_1}{c_0} = \frac{2,16 \cdot \sqrt{H}}{4,3 \cdot \sqrt{H}} = 0,5 \quad \text{oder} \quad u_1 = 0,5 \cdot c_0. \qquad (21)$$

Bei Vernachlässigung aller Verluste durch Reibung usw. erreicht der Wirkungsgrad bei $u_1 = 0{,}5 \cdot c_0$ den höchsten Wert. Das gilt für alle Gleichdruckturbinen. Die Gleichung $u_1 = 0{,}5 \cdot c_0$ legt man meist der Berechnung der Peltonturbinen zugrunde.

Bei den Gleichdruckturbinen bleibt theoretisch die Relativgeschwindigkeit $w = $ const. Aus $u_1 = 0{,}5 \cdot c_0$ und $w_1 = w_2$ ergeben sich dann mit den Winkeln $\beta_1 = 165^0$ bis 173^0 und $\beta_2 = 4^0$ bis 7^0 die theoretischen Diagramme für Ein- und Austritt, wie in Abb. 16 dargestellt.

Beim Aufzeichnen der Düse macht man den Nadelwinkel $\sim 70^0$ bis 80^0 (Abb. 15), die Düsenöffnung $\sim 1{,}2 \cdot d$ ($d = $ Strahldurchmesser) und die Einlaufgeschwindigkeit $c_e = (0{,}5$ bis $0{,}7) \cdot \sqrt{H}$. Mit Rücksicht auf gute Strahlbildung muß der Wendepunkt (W.P.) der Nadelbegrenzungskurve außerhalb der Düsenöffnung liegen.

12. Die Ausführung der Becher.

Die **Abmessungen der Becher** wählt man erfahrungsgemäß als ein Vielfaches des Strahldurchmessers d:

Becherbreite: $b = (2{,}5$ bis $3\ ) \cdot d$;   Becherhöhe: $l = (2\ $ bis $2{,}5) \cdot d$

Bechertiefe: $t = (0{,}8$ bis $1\ ) \cdot d$;   Vorstand: $m = (0{,}8$ bis $1\ ) \cdot d$

$c = (0{,}3$ bis $0{,}4) \cdot d$; $a = (1{,}0$ bis $1{,}1) \cdot d$

$2 \cdot \gamma = 14^0$ bis 30^0; $\beta_2 = 4^0$ bis 7^0

Damit der Strahl beim Auftreffen schon möglichst weit in den Becher hineinragt, wird eine Aussparung a vorgesehen. Die Richtung des Ausschnittes ergibt sich aus der Richtung der Relativgeschwindigkeit des Wasserstrahles beim Einlaufen des Bechers in den Strahl. Die Becherschneide wird zweckmäßig so angeordnet, daß der volle Strahl möglichst lange ungefähr senkrecht auftrifft[1].

Die Befestigungsschrauben des Schaufelfußes sind für volle Strahlbelastung bei ruhendem Becher zu berechnen. Es ist die Strahlkraft:

$$P = \frac{Q \cdot \gamma}{g}\left[c_0 - (-c_0)\right]$$

$$= 2 \cdot \frac{Q \cdot \gamma}{g} \cdot c_0 \ldots \text{kg}$$

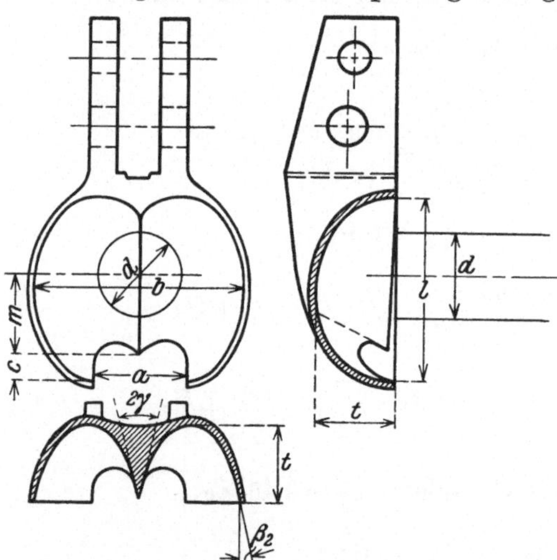

Ab. 17. Der Becher der Peltonturbine.

unter der Annahme, daß der Strahl um 180^0 umgelenkt wird.

---

[1] **Reichel u. Wagenbach:** Versuche an Becherturbinen. Z. V. d. I. 1913, S. 441 und 1918, S. 822. **Ludewig:** Einfluß des Auftreffwinkels bei Becherturbinen. Z. V. d. I. 1925, S. 723. **Karraß:** Die Einheitsgrößen der Becherturbinen unter wechselnden Bedingungen. Z. V. d. I. 1924, S. 902.

Ermittelung der Becherteilung. Es soll kein Wassertropfen unausgenützt die Turbine durchströmen. Ein Tropfen, der bei A (Abb. 18) gerade noch an der dort stehenden Becherspitze vorbeiströmt, muß von der Spitze des vorherlaufenden Bechers spätestens im Punkte B gefaßt werden. Der Wassertropfen bewegt sich mit der Geschwindigkeit c_0, die Becherspitze mit der Umfangsgeschwindigkeit u. Während der Wassertropfen die Strecke $\overline{AB}$ zurücklegt, durcheilt die Becherspitze den Bogen $\overset{\frown}{CB}$. Es muß sich also verhalten:

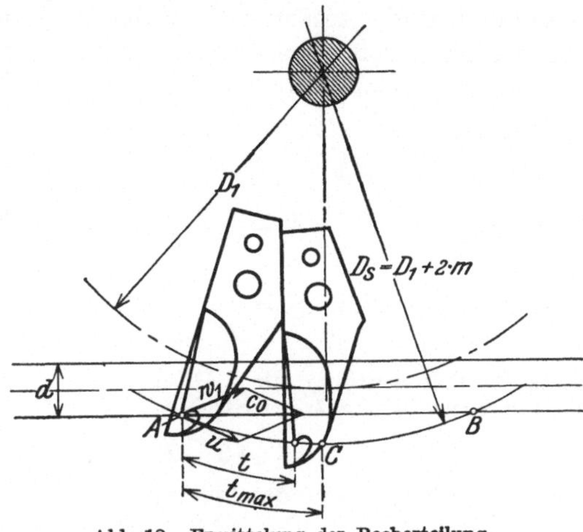

Abb. 18. Ermittelung der Becherteilung.

$$\frac{\overline{AB}}{c_0} = \frac{\overset{\frown}{CB}}{u}; \qquad \overset{\frown}{CB} = \frac{u}{c_0} \cdot \overline{AB}.$$

Die größte Teilung ist demnach:

$$t_{\max} = \overset{\frown}{AC}. \tag{22}$$

Zur Sicherheit führt man aus:

$$t = \sim 0,8 \cdot t_{\max}. \tag{22a}$$

Bezeichnet man den Spitzenkreisdurchmesser mit D_s, so ist die Becherzahl:

$$i = \frac{\pi \cdot D_s}{t}. \tag{23}$$

Die Becherzahl i muß eine ganze Zahl sein, die Teilung ist entsprechend zu ändern.

13. Aufzeichnen des Rades.

Man trägt den Spitzenkreisdurchmesser $D_s = D_1 + 2 \cdot m$, den Strahlkreisdurchmesser D_1 und tangential an letzteren die Strahlrichtung und den Strahldurchmesser d an. Für die Strahlrichtung ist die Anordnung der Düse maßgebend. Wo D_1 den unteren Strahlrand anschneidet, wird die Lage einer Becherspitze angenommen. Von dieser Spitze aus ermittelt man mit $\frac{u}{c_0} = 0,5$ die Becherteilung, wählt die Schneidenrichtung so, daß die Schneide möglichst lange ungefähr senkrecht zur Strahlrichtung steht und zeichnet dann die Abmessungen eines Bechers ein. Jetzt ist nachzuprüfen, ob die Becherzahl eine ganze Zahl wird, und die Teilung entsprechend zu berichtigen. Mit der endgültigen Teilung liegt die Lage der benachbarten Becherspitzen und damit die Lage der

Becher selbst fest. Die Konstruktion des Becherfußes (Nabe des Laufrades beachten!) und die Lage der Befestigungsschrauben wird zunächst angenommen und dann mit Hilfe der gefundenen Hebelarme berechnet, wie stark die Schrauben werden müssen, um die volle Strahlkraft bei ruhendem Becher aufnehmen zu können.

Beispiel. Eine Peltonturbine zu berechnen für

$$Q = 0{,}1 \ \text{m}^3/\text{s}; \qquad H = 80 \ \text{m}; \qquad n = 500 \ \text{U/min}; \qquad \eta = 0{,}85 \,.$$

Leistung:
$$N = \frac{Q \cdot \gamma \cdot H \cdot \eta}{75} = \frac{0{,}1 \cdot 1000 \cdot 80 \cdot 0{,}85}{75} = 90{,}6 \ \text{PS} \,,$$

spezifische Drehzahl:
$$n_s = \frac{n \cdot \sqrt{N}}{H \sqrt[4]{H}} = \frac{500 \cdot \sqrt{90{,}6}}{80 \sqrt[4]{80}} = 19{,}8 \,.$$

Gewählt: Peltonturbine mit 1 Düse.
Absolutgeschwindigkeit des Strahles:
$$c_0 = c_1 = \varphi_d \sqrt{2 g \cdot H} = 0{,}97 \sqrt{2g \cdot 80} = 38{,}4 \ \text{m/s} \,.$$
Umfangsgeschwindigkeit der Spitze:
$$u_1 = 0{,}5 \cdot c_0 = 0{,}5 \cdot 38{,}4 = 19{,}2 \ \text{m/s} \,.$$

Spitzenkreisdurchmesser: , $\quad D_s = \dfrac{60 \cdot u_1}{\pi \cdot n} = \dfrac{60 \cdot 19{,}2}{\pi \cdot 500} = 0{,}735 \ \text{m} = 735 \ \text{mm} \,.$

Strahldurchmesser: $\quad d = \sqrt{\dfrac{4 \cdot Q}{\pi \cdot c_0}} = \sqrt{\dfrac{4 \cdot 0{,}1}{\pi \cdot 38{,}4}} = 0{,}0576 \ \text{m} = 57{,}6 \ \text{mm} \,.$

Becherabmessungen:
$$
\begin{aligned}
l &= (2 \quad \text{bis } 2{,}5) \cdot d = \sim 130 \ \text{mm}, \\
b &= (2{,}5 \ \text{bis } 3 \quad) \cdot d = \sim 160 \quad ,, \\
t &= (0{,}8 \ \text{bis } 1 \quad) \cdot d = \sim \ \ 52 \quad ,, \\
m &= (0{,}8 \ \text{bis } 1 \quad) \cdot d = \sim \ \ 52 \quad ,, \\
c &= (0{,}3 \ \text{bis } 0{,}4) \cdot d = \sim \ \ 22 \quad ,, \\
a &= (1 \quad \text{bis } 1{,}1) \cdot d = \sim \ \ 61 \quad ,,
\end{aligned}
$$

Strahlkreisdurchmesser: $\ D_1 = D_s - 2 \cdot m = 735 - 2 \cdot 52 = 631 \ \text{mm} \,.$

Wellenstärke: $\quad d_w = 13 \sqrt[3]{\dfrac{N}{n}} = 13 \sqrt[3]{\dfrac{90{,}6}{500}} = 7{,}37 \ \text{cm} = \sim 80 \ \text{mm} \,.$

Becherteilung:
$$
\begin{aligned}
\overset{\frown}{BC} &= 0{,}5 \cdot \overline{AB}, \\
t_{\text{max}} = \overset{\frown}{AC} &= 135 \ \text{mm}, \\
t &= 0{,}8 \cdot t_{\text{max}} = 0.8 \cdot 135 = 108 \ \text{mm} \,.
\end{aligned}
$$

Becherzahl: $\quad i = \dfrac{\pi \cdot D_s}{t} = \dfrac{\pi \cdot 735}{108} = 21{,}4; \qquad$ Gewählt: $\ i = 21$ Becher.

Danach: $\quad t = \dfrac{735 \cdot \pi}{21} = 110 \ \text{mm} \quad$ endgültige Teilung.

$$D_c = D_s + 2 \cdot c = 735 + 2 \cdot 22 = 779 \ \text{mm} \,.$$
$$D_g = D_c - 2 \cdot l = 779 - 2 \cdot 130 = 519 \ \text{mm} \,.$$

Mit den gefundenen Werten wird Düse und Laufrad aufgezeichnet (Abb. 19).

Schraubenberechnung:

Strahlkraft: $\quad P = 2 \cdot \dfrac{Q \cdot \gamma}{g} \cdot c_1 = 2 \cdot \dfrac{0,1 \cdot 1000}{9,81} \cdot 38,4 = 768$ kg.

Gewählt: 1 Schraube zu 1″ und 1 Schraube zu ¾″.

Nachrechnung der 1″-Schraube auf Abscherung:

Drehpunkt in ¾″-Schraube

$$P \cdot 15,75 = Q \cdot 5,25; \qquad Q = \frac{15,75}{5,26} \cdot P = 3 \cdot 768 = 2304 \text{ kg}.$$

Scherspannung: $\quad \tau_s = \dfrac{Q}{2 \cdot f} = \dfrac{2304}{2 \cdot 3,573} = 323$ kg/cm² (ist zulässig!)

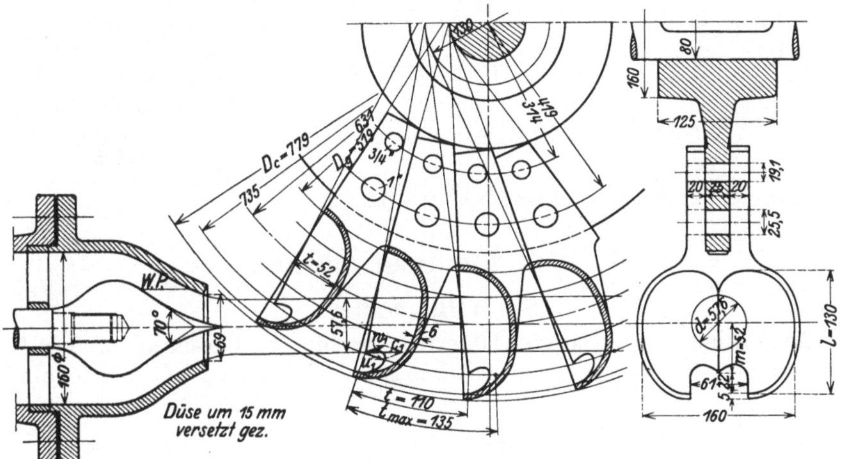

Abb. 19. Peltonrad.

Nachrechnung der ¾″-Schraube:

Drehpunkt in 1″-Schraube

$$P \cdot 10,5 = Q \cdot 5,25; \qquad Q = \frac{10,5}{5,25} \cdot 768 = 1536 \text{ kg}.$$

Scherspannung: $\tau_s = \dfrac{Q}{2 \cdot f} = \dfrac{1536}{2 \cdot 1,96} = 392$ kg/cm² (ist zulässig!)

f = Schraubenbolzenquerschnitt in cm². Schrauben zweischnittig, daher $2f$ einzusetzen.

Eine weitere Berechnung der Schrauben hätte sich zu erstrecken:

1. auf Fliehkraft $C = m \cdot r \cdot \omega^2$, die im Becherschwerpunkt angreift (zur Berechnung von C muß das Gewicht G des Bechers bekannt sein), und Umfangskraft $U = \dfrac{N \cdot 75}{u} \ \ldots$ kg. U und C sind vektoriell zusammenzusetzen;

2. auf Fliehkraft für die Durchgangsdrehzahl $n' = \sim 1,8 \cdot n$, wobei n die Betriebsdrehzahl ist.

Die Abb. 20 zeigt eine Peltonturbine mit einer Düse und selbsttätiger Regelung. Handregelung wird heute nur bei kleinen Leistungen angewandt. Mittlere Leistungen weisen mechanische Verstellung der Düsennadel durch Servomotoren auf, während bei großen Leistungen Nadelverstellung und Strahlablenkung gleichzeitig durch Servomotoren erfolgt.

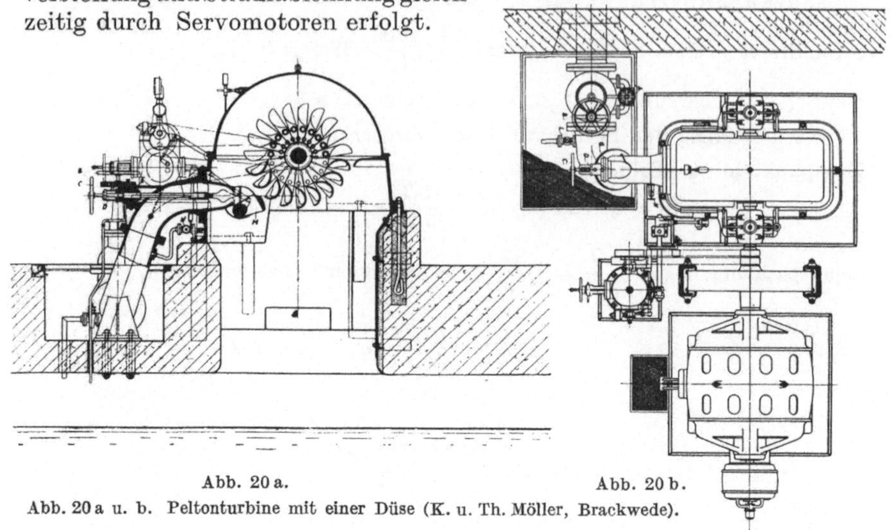

Abb. 20 a.   Abb. 20 b.

Abb. 20 a u. b. Peltonturbine mit einer Düse (K. u. Th. Möller, Brackwede).

C. Die Francisturbinen.

14. Allgemeines.

Die Francisturbine ist eine Überdruckturbine und deshalb voll beaufschlagt, d. h. das Wasser strömt auf dem ganzen Umfang des Laufrades ein.

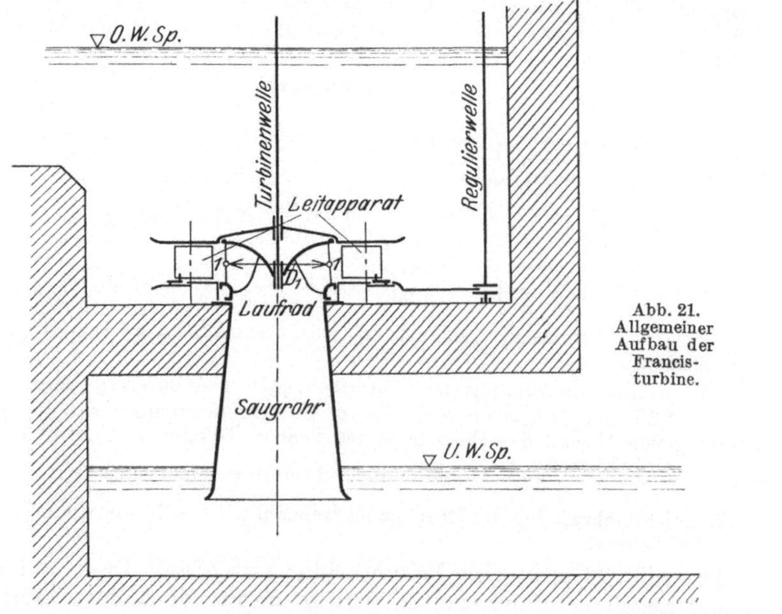

Abb. 21. Allgemeiner Aufbau der Francisturbine.

Die allgemeine Anordnung einer Francisturbine zeigt die Abb. 21 schematisch. Der Leitapparat besteht aus Finkschen Drehschaufeln, die eine einfache Regelung der dem Laufrade zufließenden Wassermenge und eine Anpassung der Leistung an den Bedarf bzw. an die vorhandene Wassermenge gestatten. Das Laufrad besteht aus Stahlblechschaufeln, die in die Kränze eingegossen sind. An das Laufrad ist ein Saugrohr angeschlossen, um die Turbine über dem Unterwasserspiegel (U. W. Sp.) aufstellen und doch das Gefälle vom Laufradaustritt bis zum U. W. Sp. ausnützen zu können.

Der Verlauf des Druckes und der Geschwindigkeiten c und w ergibt sich aus der Überdruckwirkung und ist in Abb. 22 für Leitapparat, Laufrad und Saugrohr schematisch dargestellt.

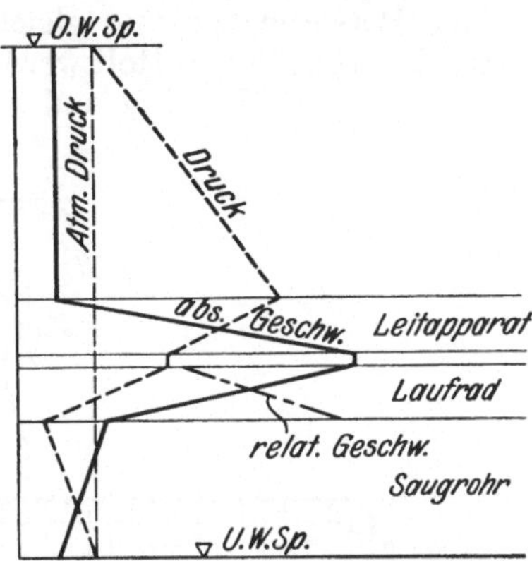

Abb. 22. Druck- und Geschwindigkeitsverlauf bei der Francisturbine.

15. Die Hauptabmessungen.

Die ursprüngliche Francisturbine war eine rein radial von außen nach innen durchströmte Überdruckturbine, deren spezifische Drehzahl in der Nähe oder unter der spezifischen Drehzahl heutiger Langsamläufer lag. Eine Erhöhung der Drehzahl und damit eine Steigerung der Schnelläufigkeit (n_s) läßt sich gemäß der Gleichung

$$n = \frac{60 \cdot u_1}{D_1 \cdot \pi} \ (u_1 \text{ Umfangsgeschwindigkeit am Eintrittsdurchmesser } D_1) \ (24)$$

erreichen

1. durch Verkleinerung von D_1,
2. durch Vergrößerung von u_1.

Durch die Verkleinerung von D_1 wurde die Eintrittskante immer näher an das Saugrohr heran- und schließlich in das Saugrohr hinabgezogen. Die axiale Umlenkung erfolgt dann z. T. in der Schaufel selbst. Mit der Verkleinerung von D_1 wurde gleichzeitig die Umfangsgeschwindigkeit u_1 vergrößert. Damit ergab sich der Übergang vom ursprünglichen Langsamläufer über Normal- und Schnelläufer zum neuzeitlichen Hochschnelläufer (vgl. Abb. 24).

Mit der Steigerung der Schnelläufigkeit wurde die Turbine in ihren äußeren Abmessungen erheblich verkleinert. Um die gleichen Wassermengen in der Zeiteinheit durchsetzen zu können, mußten die Durchflußgeschwindigkeiten gesteigert werden. Das hat schlechtere hydraulische Wirkungsgrade durch die größeren Reibungsverluste (die ungefähr mit dem Quadrate der Geschwindigkeiten steigen) zufolge. In letzter Zeit hat man diese Verluste durch möglichst kurze Schaufeln und günstige Kanalausbildung auf einen Geringstwert herunterzusetzen vermocht.

Im folgenden sollen die Hauptabmessungen der Laufräder von Francisturbinen verschiedener Schnelläufigkeit für gleiches Gefälle, gleiche Wassermenge und gleiche Leistung an Hand der Erfahrungswerte der Abb. 23 ermittelt werden. Diese Erfahrungswerte sind bezogen auf ein Gefälle $H = 1$ m und vom Verfasser als Mittelwerte aus einer

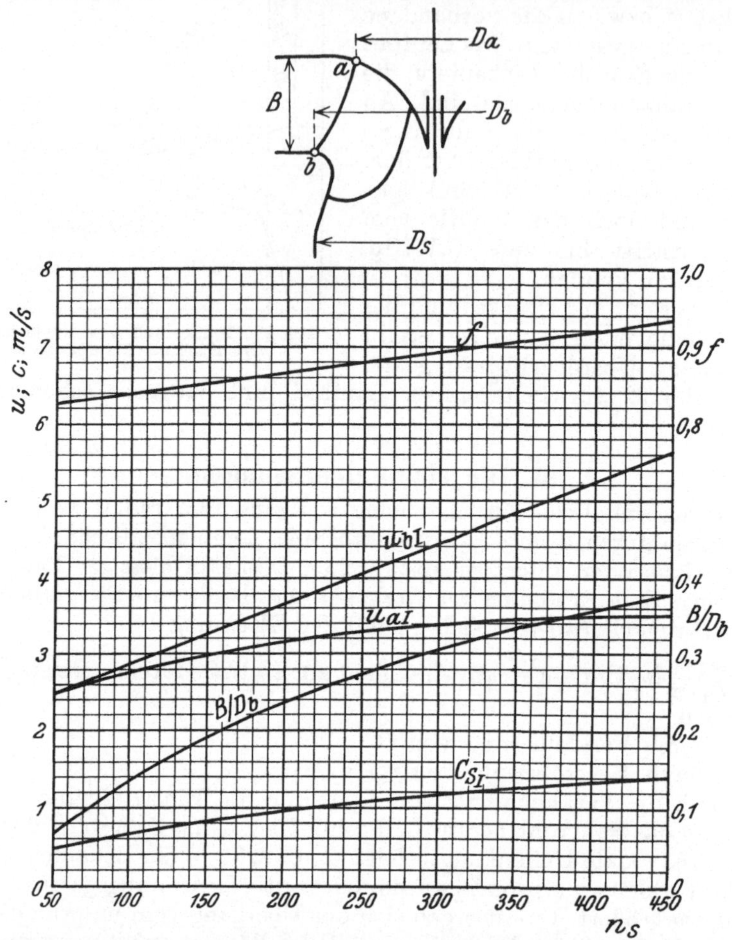

Abb. 23. Erfahrungswerte zur Ermittelung der Hauptabmessungen von Francisturbinen.

großen Anzahl ausgeführter Turbinen der letzten Jahre herausgerechnet. Abweichungen von $\pm$ 10% der Werte sind gegebenenfalls ohne weiteres zulässig[1].

Beispiel. Gegeben: $Q = 0,7$ m³/s; $H = 8$ m; $\eta = 0,85$.

Die Hauptabmessungen der Laufräder von $n_s = 75$; $n_s = 150$; $n_s = 300$ und $n_s = 425$ sind zu berechnen und die Laufräder in gleichem Maßstab aufzuzeichnen (Abb. 24).

---

[1] Ahlfors: Beitrag zum Entwurf des Laufrades einer Francisturbine 1926, S. 85. Hybl: Die Bestimmung der Hauptabmessungen der Francisturbine. Z. V. d. I. 1926, S. 879.

Leistung:
$$N = \frac{Q \cdot \gamma \cdot H \cdot \eta}{75} = \frac{0,7 \cdot 1000 \cdot 8 \cdot 0,85}{75} = 63,4 \ldots \text{PS},$$

spez. Drehzahl:

$$n_s = \frac{n \cdot \sqrt{N}}{H \sqrt[4]{H}} = \frac{n \cdot \sqrt{63,4}}{8 \sqrt[4]{8}} = n \cdot 0,593;$$

$$n = \frac{n_s}{0,593}.$$

1. $n_s = 75$: Francis-Langsamläufer.

Drehzahl:

$$n = \frac{75}{0,593} = 126,5 \,\text{U/min}.$$

Saugrohrdurchmesser:

$$c_{s_I} = 0,6 \,\text{m}^3/\text{s} \ (\text{nach Abb.23 für } n_s = 75),$$

$$c_s = c_{s_I} \cdot \sqrt{H} = 0,6 \cdot \sqrt{8} = 1,7 \,\text{m/s},$$

$$D_s = \sqrt{\frac{4 \cdot Q}{\pi \cdot c_s}} = \sqrt{\frac{4 \cdot 0,7}{\pi \cdot 1,7}} = 0,725 \,\text{m}$$
$$= \mathbf{725 \; mm.}$$

Durchmesser D_a:

$$u_{a_I} = 2,65 \,\text{m/s} \ (\text{nach Abb.23 für } n_s = 75),$$

$$u_a = u_{a_I} \cdot \sqrt{H} = 2,65 \cdot \sqrt{8} = 7,5 \,\text{m/s},$$

$$D_a = \frac{60 \cdot u_a}{\pi \cdot n} = \frac{60 \cdot 7.5}{\pi \cdot 126,5} = 1,135 \,\text{m}$$
$$= \mathbf{1135 \; mm.}$$

Durchmesser D_b:

$$u_{b_I} = 2,7 \,\text{m/s} \ (\text{nach Abb. 23 für } n_s = 75),$$

$$u_b = u_{b_I} \cdot \sqrt{H} = 2,7 \cdot \sqrt{8} = 7,64 \,\text{m/s},$$

$$D_b = \frac{60 \cdot u_b}{\pi \cdot n} = \frac{60 \cdot 7,64}{\pi \cdot 126,5} = 1,15 \,\text{m} = \mathbf{1150 \; mm.}$$

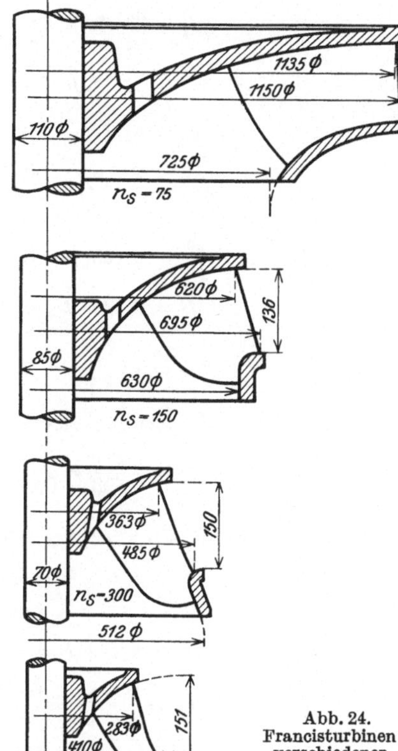

Abb. 24.
Francisturbinen
verschiedener
Schnelläufigkeit.

Leitrad-Breite B: $\quad \dfrac{B}{D_b} = 0,11$ (nach Abb. 23 für $n_s = 75$),

$$B = 0,11 \cdot D_b = 0,11 \cdot 1150 = \mathbf{126,5 \; mm.}$$

Wellenstärke: $\quad d_w = 13 \sqrt[3]{\dfrac{N}{n}} = 13 \sqrt[3]{\dfrac{63,4}{126,5}} = 10,35 \,\text{cm} = 110 \,\text{mm}.$

2. $n_s = 150$: Francis-Normalläufer.

Drehzahl: $\qquad n = \dfrac{n_s}{0,593} = \dfrac{150}{0,593} = 253 \,\text{U/min}.$

Saugrohrdurchmesser: $c_{s_I} = 0,8 \,\text{m/s}$ (nach Abb. 23 für $n_s = 150$),

$$c_s = c_{s_I} \cdot \sqrt{H} = 0,8 \cdot \sqrt{8} = 2,26 \,\text{m/s},$$

$$D_s = \sqrt{\frac{4 \cdot Q_s}{\pi \cdot c_s}} = \sqrt{\frac{4 \cdot 0,7}{\pi \cdot 2,26}} = 0,627 \,\text{m} = \sim \mathbf{630 \; mm.}$$

Durchmesser D_a: $u_{a_I} = 2,9 \text{ m/s}$ (nach Abb. 23 für $n_s = 150$),

$$u_a = u_{a_I}\sqrt{H} = 2,9\sqrt{8} = 8,22 \text{ m/s},$$

$$D_a = \frac{60 \cdot u_a}{\pi \cdot n} = \frac{60 \cdot 8,22}{\pi \cdot 253} = 0,62 \text{ m} = \mathbf{620 \ mm.}$$

Durchmesser D_b: $u_{b_I} = 3,25 \text{ m/s}$ (nach Abb. 23 für $n_s = 150$),

$$u_b = u_{b_I}\sqrt{H} = 3,25 \cdot \sqrt{8} = 9,2 \text{ m/s},$$

$$D_b = \frac{60 \cdot u_b}{\pi \cdot n} = \frac{60 \cdot 9,2}{\pi \cdot 253} = 0,695 \text{ m} = \mathbf{695 \ mm.}$$

Leitradbreite B: $\dfrac{B}{D_b} = 0,195$ (nach Abb 36 für $n_s = 150$) ,

$$B = 0,195 \cdot D_b = 0,195 \cdot 695 = \mathbf{136 \ mm.}$$

Wellenstärke: $d_w = 13\sqrt[3]{\dfrac{N}{n}} = 13\sqrt[3]{\dfrac{63,4}{253}} = 8,2 \text{ cm} = {\sim}\,\mathbf{85 \ mm.}$

3. $n_s = 300$: Francis Schnelläufer.

Drehzahl: $n = \dfrac{n_s}{0,593} = \dfrac{300}{0,593} = 506 \text{ U/min},$

Saugrohrdurchmesser D_s: $c_s = c_{s_I} \cdot \sqrt{H} = 1,2 \cdot \sqrt{8} = 3,4 \text{ m/s},$

$$D_s = \sqrt{\frac{4 \cdot Q}{\pi \cdot c_s}} = \sqrt{\frac{4 \cdot 0,7}{\pi \cdot 3,4}} = 0,512 \text{ m} = \mathbf{512 \ mm.}$$

Durchmesser D_a: $u_a = u_{a_I} \cdot \sqrt{H} = 3,4 \cdot \sqrt{8} = 9,62 \text{ m/s},$

$$D_a = \frac{60 \cdot u_a}{\pi \cdot n} = \frac{60 \cdot 9,62}{\pi \cdot 506} = 0,363 \text{ m} = \mathbf{363 \ mm.}$$

Durchmesser D_b: $u_b = u_{b_I} \cdot \sqrt{H} = 4,55 \cdot \sqrt{8} = 12,85 \text{ m/s} ,$

$$D_b = \frac{60 \cdot u_b}{\pi \cdot n} = \frac{60 \cdot 12,85}{\pi \cdot 506} = 0,485 \text{ m} = \mathbf{485 \ mm.}$$

Leitradbreite B: $\dfrac{B}{D_b} = 0,31;$ $B = 0,31 \cdot 485 = \mathbf{150 \ mm.}$

Wellenstärke: $d_w = 13\sqrt[3]{\dfrac{63,4}{506}} = 6,5 \text{ cm} = \mathbf{70 \ mm.}$

4. $n_s = 425$: Hochschnelläufer.

Drehzahl: $n = \dfrac{425}{0,593} = 716 \text{ U/min}.$

Saugrohrdurchmesser D_s: $c_s = c_{s_I} \cdot \sqrt{H} = 1,4 \cdot \sqrt{8} = 3,96 \text{ m/s},$

$$D_s = \sqrt{\frac{4 \cdot 0,7}{\pi \cdot 3,96}} = 0,474 \text{ m} = \mathbf{474 \ mm.}$$

Durchmesser D_a: $u_a = u_{a_I} \cdot \sqrt{H} = 3,6 \cdot \sqrt{8} = 10,2 \text{ m/s},$

$$D_a = \frac{60 \cdot 10,2}{\pi \cdot 716} = 0,283 \text{ m} = \mathbf{283 \ mm.}$$

Durchmesser D_b: $\quad u_b = u_{b_1} \cdot \sqrt{H} = 5{,}4 \cdot \sqrt{8} = 15{,}3 \text{ m/s}$,

$$D_b = \frac{60 \cdot 15{,}3}{\pi \cdot 716} = 0{,}41 \text{ m} = \mathbf{410\ mm}.$$

Leitradbreite B: $\quad \dfrac{B}{D_b} = 0{,}37$; $\qquad B = 0{,}37 \cdot 410 = \mathbf{151\ mm}.$

Wellenstärke: $\qquad d_w = 13 \sqrt[3]{\dfrac{63{,}4}{716}} = 5{,}8 \text{ cm} = \sim \mathbf{65\ mm}.$

Mit diesen Werten wurden die Laufräder (Abb. 24) aufgezeichnet. Die Eintrittskante liegt fest, die Austrittskante wird nach Gefühl angenommen. Die Laufradumrisse müssen stetige Übergänge nach dem Saugrohr hin aufweisen.

16. Geschwindigkeitsdreiecke und Schaufelform.

Um eine einheitliche Vergleichsgrundlage der verschiedenen Schaufelformen zu haben, sei in allen 3 Fällen $u_2 = u_1$ und $c_2 = c_{m_2}$, d. h. $\alpha_2 = 90^0$, gesetzt, wenn das auch bei praktischen Ausführungen in der Regel nicht zutrifft. Dann erhält die Turbinenhauptgleichung (7) mit $c_{u_2} = 0$ die Form: (7a)

$$\eta_h \cdot g \cdot H = u_1 \cdot c_{u_1}.$$

Aus den Diagrammen (Abb. 25) ergibt sich dann folgendes:

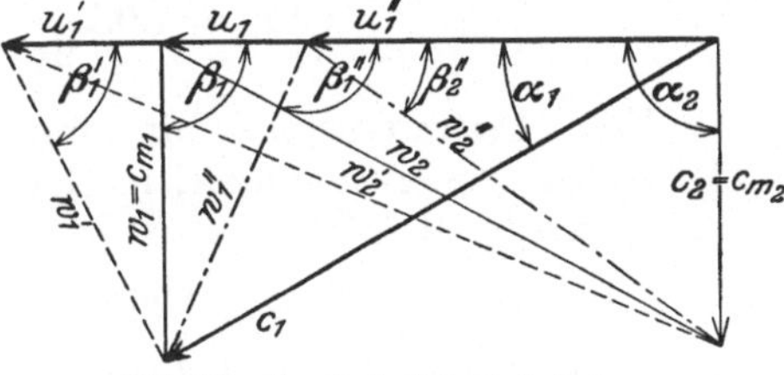

Abb. 25. Geschwindigkeitsdreiecke.

a) Normalläufer (Abb. 26).

Der Schaufeleintrittswinkel wird $\beta_1 = \sim 90^0$ und damit erhält man die Schaufelform der Abb. 26. Mit $u_1 = \sim c_{u_1}$ wird

$$u_1 = \sqrt{\eta_h \cdot g \cdot H} = \sqrt{0{,}87 \cdot 9{,}81 \cdot H} = \sim 2{,}9 \cdot \sqrt{H}.$$

b) Schnelläufer (Abb. 27).

Mit steigender Schnelläufigkeit wird $u_1' > u_1$ und damit der Schaufelwinkel $\beta_1' < 90^0$. Daraus ergeben sich flache Schaufeln (Abb. 27) mit

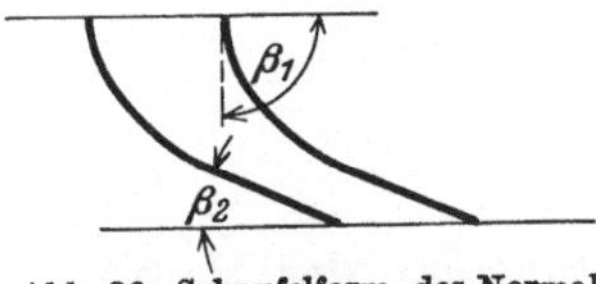

Abb. 26. Schaufelform des Normalläufers.

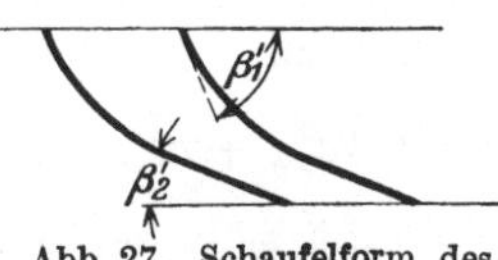

Abb. 27. Schaufelform des Schnelläufers.

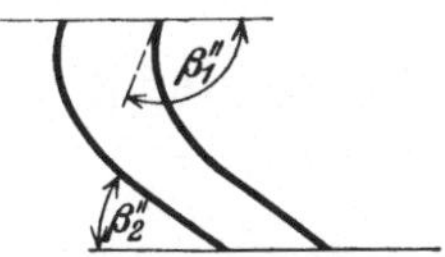

Abb. 28. Schaufelform des Langsamläufers.

geringer Umlenkung des Wasserstrahles. Die größere Relativgeschwindigkeit bedingt größere Reibungsverluste; deshalb führt man die Schaufeln möglichst kurz aus.

c) Langsamläufer (Abb. 28).

Mit sinkender Schnelläufigkeit wird $u_1'' < u_1$ und damit $\beta_1'' > 90^0$. Um die Umlenkung auf w_2'' zu erhalten, muß die Schaufel stark gekrümmt sein (Hakenschaufel). Wegen der Gefahr der Ablösung des Wasserstrahles vom Schaufelrücken muß die Krümmung möglichst sanft, d. h. die Schaufel lang sein. Das ergibt wieder größere Reibungsverluste und schlechteren hydraulischen Wirkungsgrad.

17. Der Leitapparat.

Als Leitschaufeln werden heute nur noch die Finkschen Drehschaufeln verwendet.

Der Leitapparat ist für die größte Wassermenge $Q_{max} = \dfrac{Q_{norm}}{f}$ (Werte für f s. Abb. 23) zu berechnen. Vernachlässigt man zunächst die Querschnittsversperrung durch die Leitschaufelspitzen, so wird bei einer Anzahl i_0 der Leitschaufeln:

$$Q_{max} = a_0 \cdot B \cdot i_0 \cdot c_0 \ldots \text{m}^3/\text{s}.$$

Setzt man den Verengungsbeiwert der Leitschaufeln $k_0 = 0,9$ bis $0,95$, so erhält man mit einem Sicherheitszuschlag von 5% die Leitkanalweite:

$$\left| a_0 = 1,05 \, \frac{Q_{max}}{B \cdot i_0 \cdot c_0 \cdot k_0} \right| \ldots \text{m} . \tag{25}$$

Vom Leitradaustritt bis zum Laufradeintritt wird dem Wasser keine Energie entnommen; infolgedessen gilt für die arbeitsfreie Strömung nach Gl. (8a)

$$r \cdot c_u = \text{const} ;$$

$$r_0 \cdot c_{u_0} = r_1 \cdot c_{u_1} ; \qquad D_0 \cdot c_{u_0} = D_1 \cdot c_{u_1} .$$

Mit $\alpha_2 = 90^0$ wird: $c_{u_1} = \dfrac{\eta_h \cdot g \cdot H}{u_1}$. Damit erhält man:

$$c_{u_0} = \frac{D_1}{D_0} \cdot c_{u_1} \ldots \text{m/s} .$$

Die Meridionalgeschwindigkeit c_{m_0} errechnet sich nach der Stetigkeitsgleichung (3a)

$$c_{m_0} = \frac{Q_{max}}{f_0} = \frac{Q_{max}}{\pi \cdot D_0 \cdot B} \ldots \text{m/s} .$$

Aus c_{m_0} und c_{u_0} erhält man c_0 zu:

$$c_0 = \sqrt{c_{m_0}^2 + c_{m_0}^2} \ldots \text{m/s}. \tag{26}$$

Die Leitradbreite B ergibt sich bei der Bestimmung der Hauptabmessungen des Laufrades, ebenso der mittlere Laufschaufeleintrittsdurchmesser D_1. Den Leitschaufelspitzenkreisdurchmesser D_0 erhält man durch einen vorläufigen Entwurf gemäß Abb. 29.

Die Anzahl der Leitschaufeln ist $i_0 = i_1 + (2$ bis $10)$, worin i_1 die Anzahl der Laufradschaufeln ist. Bei der Wahl der Leitschaufelzahl ist zu beachten: Große Schaufelzahl ergibt kurze Schaufeln, ist hydraulisch günstig, aber konstruktiv teuer; kleine Schaufelzahl ergibt lange Schaufeln, ist hydraulisch ungünstig, aber billig.

Aus i_0 ergibt sich die Teilung:

$$t = \frac{\pi \cdot D_0}{i_0}.$$

Konstruktion: Man trägt t auf dem Kreis D_0 ab, schlägt in den Teilungspunkten mit a_0 Kreisbögen und erhält durch Tangenten von den Teilungspunkten an die Bogen a_0 die innere Begrenzung der Leitradzellen.

Wollte man die Leitschaufeln am Austritt arbeitsfrei gestalten, so gilt: $r \cdot c_u = $ const. Ferner ist: $Q = 2 \cdot r \cdot \pi \cdot B \cdot c_m = $ const, d. h. $r \cdot c_m = $ const. Es wird:

$$\frac{r \cdot c_m}{r \cdot c_u} = \frac{c_m}{c_u} = \text{const}.$$

Aus dem Geschwindigkeitsdreieck folgt: $\operatorname{tg} \alpha = \dfrac{c_m}{c_u}$; also wird:

$$|\operatorname{tg} \alpha = \text{const}|. \qquad (27)$$

Diese Bedingung erfüllt die logarithmische Spirale. Diese Kurve läßt sich mit guter Annäherung durch eine Kreisevolvente ersetzen, die dann als Begrenzung der arbeitsfreien Schaufelenden dient. Vielfach werden die Schaufeln geradlinig begrenzt. Der theoretische Nachteil dieser Schaufeln wird dadurch ausgeglichen, daß sie einfacher herstellbar und leicht zu bearbeiten sind.

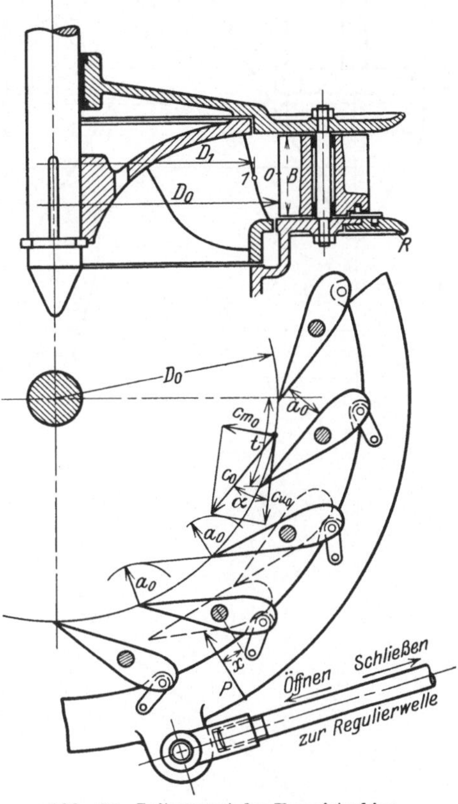

Abb. 29. Leitapparat der Francisturbine.

Die Leitschaufeln werden durch den Regulierring R über Lenker um den feststehenden Schaufelbolzen gedreht oder Schaufel und Bolzen sind fest miteinander verbunden und die Bolzen werden durch Hebel und Lenker vom Regulierring aus gedreht.

18. Konstruktion der Laufradschaufeln.

Der Entwurf der äußeren Laufrad- und Schaufelumrisse (Abb. 30) wird mit Hilfe der Erfahrungswerte (Abb. 23) durchgeführt. Bei der Berechnung der Geschwindigkeiten geht man aus von der Turbinenhauptgleichung:

$$\eta_h \cdot g \cdot H = u_1 \cdot c_{u_1} \quad \text{mit} \quad \alpha_2 = 90^0.$$

Das Gefälle H ist gegeben, der hydraulische Wirkungsgrad η_h wird ge-

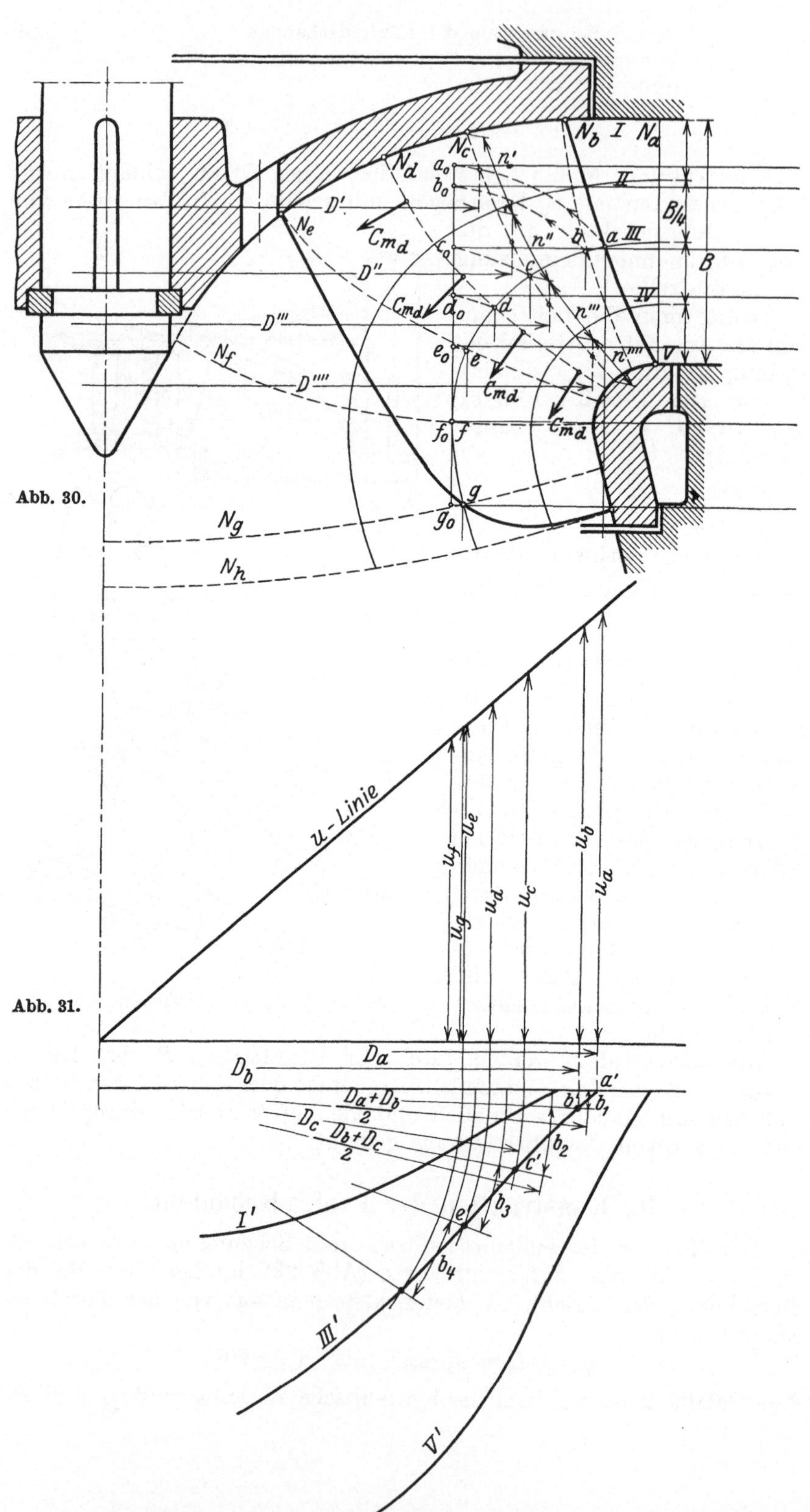

Abb. 30.
Abb. 31.
u-Linie

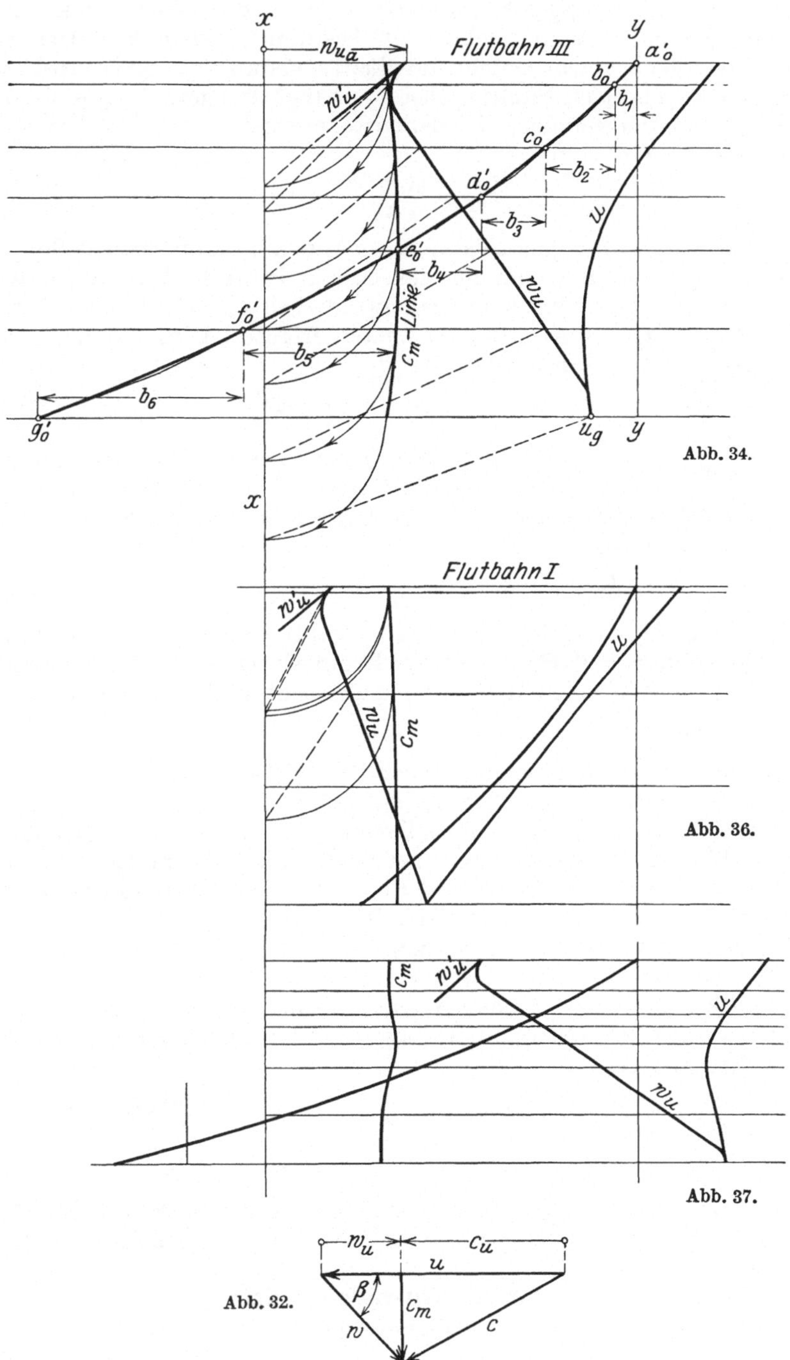

x
y
v_{u_a}
Flutbahn III
a'_o
v'_u
b'_o
b_1
c'_o
b_2
d'_o
u
b_3
v_u
e'_o
b_4
c_m-Linie
f'_o
b_5
b_6
g'_o
u_g
y
x
Abb. 34.
Flutbahn I
v'_u
u
v_u
c_m
Abb. 36.
c_m
v'_u
u
v_u
Abb. 37.
v_u
c_u
u
β
c_m
v
c
Abb. 32.

schätzt. Die Umfangsgeschwindigkeit u wird für jeden Punkt der Schaufel am einfachsten zeichnerisch bestimmt, indem man sich u_a oder u_b in irgend einem Geschwindigkeitsmaßstab über einer Abszisse unter dem zugehörigen Punkt a oder b aufträgt und geradlinig mit dem Koordinatenanfangspunkt in Wellenmitte verbindet (Abb. 31). Mit dem gefundenen u wird dann

$$c_{u_1} = \frac{\eta_h \cdot g \cdot H}{u_1}.$$

Aus dem Geschwindigkeitsdiagramm (Abb. 32) kann man ablesen: $w_u = u - c_u$. Zur Bestimmung des Schaufelwinkels β ist noch die Meridionalgeschwindigkeit c_m erforderlich, deren Ermittelung später erläutert wird. Damit wird nach Abb. 32

$$\operatorname{tg} \beta = \frac{c_m}{w_u}. \tag{28}$$

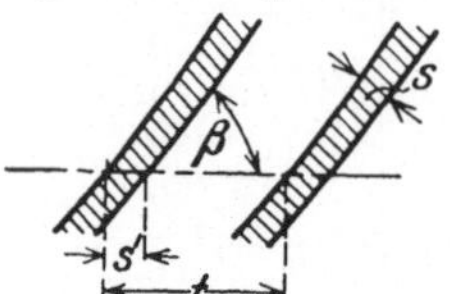

Abb. 33. Ermittelung von k.

Um die wirklichen Geschwindigkeiten zu erhalten, ist die Querschnittsverengung durch die Schaufeln zu berücksichtigen. Der Verengungsbeiwert der Schaufel beträgt nach Abb. 33:

$$k_1 = \frac{t - s'}{t} = 1 - \frac{s'}{t} = 1 - \frac{s}{t \cdot \sin \beta}. \tag{29}$$

Da k_1 sich nicht vorausberechnen läßt, wählt man $k_1 = 0{,}85$ bis $0{,}92$, im Mittel etwa $k_1 = 0{,}88$. Die genaue Ermittelung von k_1 läßt sich nur am fertig konstruierten Laufrade, also nachträglich, durchführen.

Die wirkliche Geschwindigkeit ist dann: $c_{\text{eff}} = \dfrac{c}{k_1}$.

Aufzeichnen der Laufschaufel (nach Prof. Wagenbach).

1. Aufzeichnen der Laufradumrisse (Abb. 30).

2. Die Begrenzung des Laufradbodens (I) und -kranzes (V) faßt man als Flutbahnen auf und zeichnet nach Gefühl die Flutbahnen II, III und IV ein. Dazu bietet die Einteilung der Leitradbreite B in 4 gleiche Teile einigen Anhalt (Abb. 30).

3. Die Flutbahnen werden nachgeprüft durch einige Niveaulinien N, die die Flutbahnen senkrecht schneiden müssen. Man nimmt nun an, daß für alle Punkte der gleichen Niveaulinie die Meridionalgeschwindigkeit $c_m = \mathrm{const}$ sei. Bei richtiger Lage der Flutbahnen gilt dann z. B. für die Niveaulinie N_c:

$$n' \cdot D' \cdot \pi \cdot c_{m_c} = n'' \cdot D'' \cdot \pi \cdot c_{m_c} = n''' \cdot D''' \cdot \pi \cdot c_{m_c} = n'''' \cdot D'''' \cdot \pi \cdot c_{m_c}$$
oder
$$n' \cdot D' = n'' \cdot D'' = n''' \cdot D''' = n'''' \cdot D''''.$$

Die aus dem vorläufigen Entwurf gefundenen Werte D und n (Abb. 30) sind in diese Gleichung einzusetzen und so lange zu berichtigen, bis die Gleichung stimmt.

Dieses Verfahren ist für alle Niveaulinien durchzuführen.

4. Ermittelung der Meridionalgeschwindigkeit

$$c_m = \frac{Q_{\text{norm}}}{F_N}.$$

Darin ist: $F_N = \pi \cdot D_N \cdot l_N \ldots \mathrm{m}^2$ die Niveaufläche,

$D_N = $ Schwerpunktsdurchmesser der Niveaulinie $\ldots$m,

$l_N = $ Länge der Niveaulinie $\ldots$m.

Die Bestimmung von c_m ist für alle Niveaulinien durchzuführen. c_m soll möglichst stetig verlaufen.

5. Die Flutbahnen werden auf eine tangierende Zylinderfläche abgewickelt (Abb. 30). Aus der Flutbahn $abcdefg$ (Flutbahn *III*) z. B. wird $a_0 b_0 c_0 d_0 e_0 f_0 g_0$ auf der Zylinderfläche.

6. Man zieht von $a_0 b_0 c_0$ bis g_0 horizontale Geraden und trägt von einer beliebigen Achse x bis x aus, die zu den einzelnen Punkten abc bis g gehörigen Geschwindigkeiten u und c_m auf (Abb. 34). Die Umfangsgeschwindigkeiten u greift man senkrecht unter den zugehörigen Punkten abc bis g von der u-Linie (Abb. 31) ab. In gleichem Geschwindigkeitsmaßstab wie u hat man auch die c_m-Werte abzutragen. Für die Ermittelung des Schaufelwinkels β fehlt noch w_u. Man berechnet für

Punkt a: $c_{u_a} = \dfrac{\eta_h \cdot g \cdot H}{u_a}$ und erhält $w_{u_a} = u_a - c_{u_a}$. Wird w_{u_a} positiv, so trägt man es von der Senkrechten $x \ldots x$ nach rechts, wird es negativ, nach links ab.

Für den Schaufelaustritt soll $\alpha_2 = 90^0$, d. h. $c_{u_2} = 0$ werden. Dann ist

$$w_{u_2} = w_{u_g} = u_g \quad (\text{Abb. 34}).$$

Damit liegt w_u für Eintritt und Austritt fest.

7. Für die arbeitsfreie Schaufel gilt:

$$u_a \cdot c_{u_a} = u_b \cdot c_{u_b} = u_c \cdot c_{u_c} = \cdots = \text{const}.$$

Um die Eintrittspartie möglichst arbeitsfrei zu gestalten, berechnet man sich

$$c_{u_a} = \frac{\eta_h \cdot g \cdot H}{u_a} \quad \text{und} \quad c_{u_b} = \frac{\eta_h \cdot g \cdot H}{u_b}$$

und ermittelt $w'_{u_a} = u_a - c_{u_a}$ und $w'_{u_b} = u_b - c_{u_b}$. Durch Verbindung der Endpunkte von w'_{u_a} und w'_{u_b} erhält man die w'_u-Kurve (Abb. 34).

Die w_u-Kurve läßt man beim Schaufeleintritt an die w'_u-Kurve tangieren und dann beliebig nach u_g verlaufen (Abb. 34).

8. Die Schaufelwinkel β werden zeichnerisch ermittelt. Es ist: $\operatorname{tg} \beta = \dfrac{c_m}{w_u}$. Man klappt c_{m_a} herunter auf die Senkrechte $x \ldots x$ und erhält durch Verbindung des Endpunktes von c_{m_a} mit dem zugehörigen w_{u_a} die Schaufelrichtung β. Diese Schaufelrichtung überträgt man parallel bis zum Punkte a'_0 auf der beliebigen Senkrechten $y \ldots y$ und zieht sie bis zur Mitte zwischen a_0 und b_0; ebenso verfährt man mit c_{m_b} und w_{u_b} und überträgt die gefundene Richtung parallel von der Mitte zwischen a_0 und b_0 bis zur Mitte zwischen b_0 und c_0, anschließend an die vorherige Richtung. Diese Konstruktion ist für alle Punkte $a_0 b_0 c_0$ bis g_0 durchzuführen (Abb. 34).

Man erhält dann eine Anzahl von Tangenten, die die auf die Zylinderfläche aufgewickelte Flutbahn *III* der Schaufel begrenzen ($a'_0 b'_0 c'_0$ bis g'_0 der Abb. 34).

9. Um das wirkliche Bild der Flutbahn zu erhalten, muß die unter 8. gefundene Kurve noch auf die zugehörige Flutbahn der Abb. 30 zurückgebogen werden. Das geschieht folgendermaßen:

Grundriß a' von a kann auf dem Durchmesser D_a (Abb. 35) beliebig, etwa auf einer Horizontalen liegend, gewählt werden.

Abb. 39.

Abb. 41.

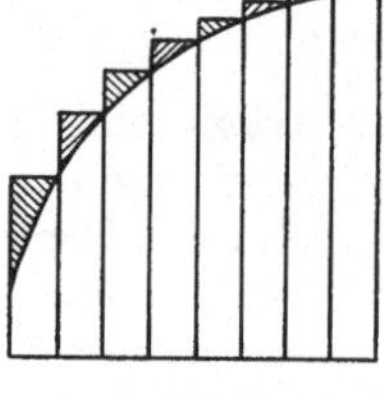

Abb. 40.

Die Projektion b' von b liegt auf dem Kreis D_b. Die zentriwinkelmäßige Versetzung von b gegen a ergibt sich aus der Strecke b_1 der Abb. 34. Man trägt b_1 auf einem zwischen D_a und D_b liegenden Mittelkreis vom Durchmesser $\dfrac{D_a + D_b}{2}$ als Bogen ab, zieht den Radius und dieser schneidet den Kreisbogen D_b im gesuchten Punkte b'. Ebenso liegt c' auf dem Durchmesser D_c,

Abb. 38

die zentriwinkelmäßige Versetzung beträgt b_2 aus Abb. 34. Dieses Stück b_2 wird auf einem Mittelkreis zwischen D_b und D_c als Bogen b_2 abgetragen, der Radius gezogen und man erhält c' auf dem Kreis D_c. In gleicher Weise findet man d'; e' usw. Die Punkte $a'\,b'\,c'\ldots$ im Grundriß (Abb. 35) werden durch eine stetige Kurve miteinander verbunden.

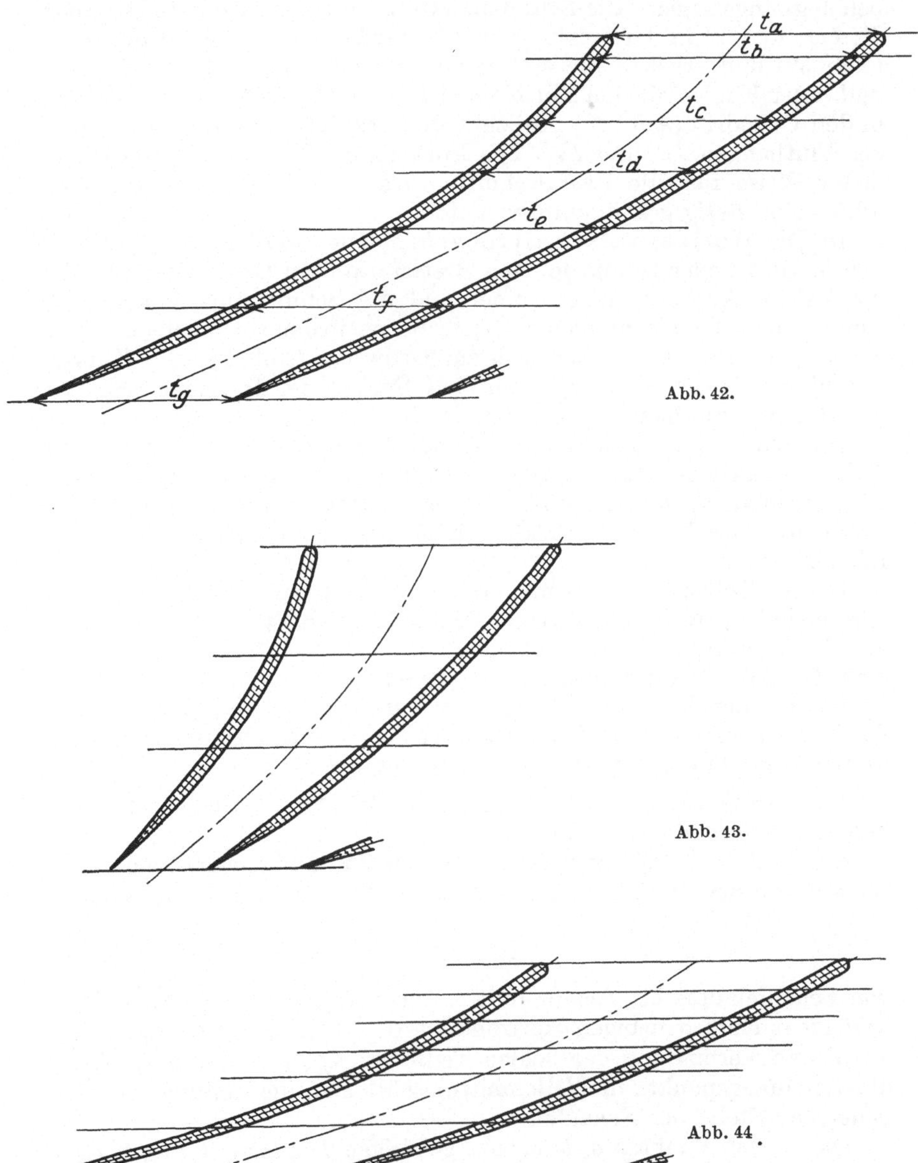

Abb. 42.

Abb. 43.

Abb. 44.

In ähnlicher Weise wird auch der Grundriß der anderen Flutbahnen konstruiert, doch begnügt man sich vorteilhaft zunächst mit der Darstellung der Flutbahnen I (Abb. 36), III (Abb. 34) und V (Abb. 37).

3*

10. Zur Kontrolle der Stetigkeit der Schaufel dienen die Schaufel-schnitte:

a) Die Radialschnitte A; B; C usw. werden im Grundriß (Abb. 38) beliebig eingetragen. Die Schnittpunkte λ'; ϱ'; τ' mit den Flutbahnen I'; III' und V' im Grundriß (Abb. 38) werden in den Aufriß projiziert (Abb. 39) und ergeben die stetige Kurve $\lambda\,\varrho\,\tau$. Die Schnittpunkte μ und σ der Kurve mit den Flutbahnen II und IV (Abb. 39) werden nun in den Grundriß (Abb. 38) projiziert und ergeben die Punkte μ' und σ' der Flutbahnen II' und IV'. Die Flutbahnen II' und IV' werden in dieser Weise für alle Radialschnitte rückwärts konstruiert und man erhält eine stetig gekrümmte Schaufel.

b) Die Horizontalschnitte a; b; c usw. werden im Abstande von 5, 10, 15 oder 20 mm je nach Brettstärke und Größe der Schaufel im Aufriß (Abb. 39) eingezeichnet und die Schnittpunkte m; n; o; p usw. mit den Radialschnitten H; G; F; E usw. in den Grundriß (Abb. 38) übertragen. Daraus ergeben sich im Grundriß (Abb. 38) die Kurven m'; n'; o'; p' usw. Diese Kurven sind Spuren der Horizontalschnitte mit der Schaufelfläche.

Schneidet man nach diesen Grundrißkurven Bretter von der im Aufriß angegebenen Stärke aus und schichtet sie in der richtigen Reihen-folge aneinander, so sind die Kanten der Bretter Schaufelkurven. Durch Abarbeiten der Ecken (Abb. 40) erhält man schließlich die Schaufel-fläche.

Dieses Holzmodell („Schaufelklotz") dient zur Herstellung von Gipsmodellen, nach denen wieder 2 Gußklötze als Stempel und Matrize angefertigt werden. Zwischen beiden wird das Schaufelblech in glühen-dem Zustande in die richtige Form gepreßt.

Die Ränder des Schaufelbleches, die in den Boden und Kranz des Laufrades eingegossen werden, werden gelocht oder schwalbenschwanz-förmig ausgestanzt, verzinkt und dann vergossen.

Die wahre Lichtweite des Kanales zwischen 2 Laufradschaufeln läßt sich wie folgt ermitteln:

Man wählt die Schaufelzahl $i_1 = 10$ bis 22 und berechnet sich z. B. für Punkt a der Flutbahn III im Aufriß (Abb. 39) die Schaufelteilung:

$$t_a = \frac{D_a \cdot \pi}{i_1}$$

von Schaufelmitte bis Schaufelmitte. Diese Teilung t_a trägt man sich beiderseits einer beliebigen Horizontalen $0 \ldots 0$ (Abb. 41) je zur Hälfte ab. Durch Verbindung der beiden Teilungsendpunkte mit dem Koor-dinatenanfangspunkte in Wellenmitte erhält man die Teilung an jeder beliebigen Stelle der Schaufel.

Die zu den Punkten a, b, c usw. gehörigen Teilungen t_a; t_b; t_c usw. (Abb. 41) trägt man nun je zur Hälfte beiderseits der Zylinderabwicke-lung der Flutbahn III (aus Abb. 34 nach Abb. 42 übertragen) auf und erhält damit die Kanalweiten bei unendlich dünner Schaufel. Durch Einzeichnen der Schaufelstärken erhält man die wahre Lichtweite des Kanales.

Ebenso ist in Abb. 43 und Abb. 44 die wahre Lichtweite der Schaufel bei den Flutbahnen I und V ermittelt.

Zweck der Ermittelung der wahren Lichtweite ist

1. eine Kontrolle über den Verlauf des Kanales zu haben,
2. die Bestimmung des Verengungsbeiwertes k_1 der Schaufel (vgl. Abb. 33).

In vorliegender Konstruktion ergibt sich z. B. aus Abb. 42, daß die Schaufel an Flutbahn III zu lang ist. Es müßte also die Schaufel dort in Abb. 30 entsprechend verkürzt und die Konstruktion wiederholt werden.

Konstruktive Angaben. Nach Camerer wird die Schaufelstärke:

$$s = 0{,}005 \cdot D_b \sqrt{\frac{H}{i_1}} + 0{,}002 \ldots \text{m bei Langsamläufern,} \qquad (30)$$

$$s = 0{,}01 \ \cdot D_b \sqrt{\frac{H}{i_1}} + 0{,}002 \ldots \text{m bei Schnelläufern.} \qquad (30\,\text{a})$$

Darin ist: $D_b =$ Laufraddurchmesser in m
$\quad\quad\quad\quad H =$ Gefälle in m
$\quad\quad\quad\quad i_1 =$ Anzahl der Schaufeln.

Die Kranzstärke wird: $\delta = (5 \text{ bis } 6) \cdot s$ (Abb. 45).

Hydraulisch am vorteilhaftesten ist es, wenn man die Schaufel an der Eintrittskante gut abrundet („profiliert") und an der Austrittskante schlank zuspitzt[1].

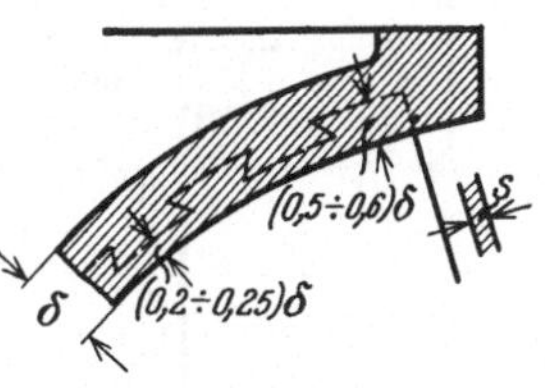

Abb. 45. Bodenstärke.

19. Das Saugrohr.

Die Höhe (Abb. 46) h_s geht für die Ausnützung nicht verloren, wenn man an die Turbine ein zylindrisches Rohr anschließt. Jetzt gilt die Stetigkeitsgleichung, das Wasser kann sich im Rohr nicht beschleunigen. Die nicht zur Beschleunigung aufgewendete Höhe h_s erscheint unter der Turbine als Unterdruck, d. h. sie wirkt saugend.

Das Saugrohr gestattet die vollkommene Ausnützung des Gesamtgefälles $H = h_s + h_d$, auch wenn die Turbine mit Rücksicht auf Hochwasserfreiheit hoch über dem U.W.Sp. steht. Die größte Saughöhe beträgt theoretisch $h_s = 10{,}33$ m. Um aber ein Abreißen der Saugsäule und das Auftreten von Kavitationen (Hohlraumbildung) und Korrosionen (Anfressungen der Schaufeln) zu vermeiden, wählt man praktisch $h_s \leq 6 \text{ bis } 7 \text{ m}*$.

Der Strömung im Saugrohr legt man die Meridionalgeschwindigkeit c_m zugrunde (Abb. 47). Für den Übertritt von der Schaufel ins Saugrohr setzt man $c_{m_2} = c_{m_3}$. Die Umfangskomponente c_{u_2} bewirkt einen schraubenförmigen Durchfluß des Wassers; man gibt sie für den Energierückgewinn verloren.

---

[1] Pötter: Einfluß der Kopfform von Schaufelprofilen auf die Kavitation. Wasserkraft und Wasserwirtschaft 1929, S. 93.

* Feifel: Zur Frage der Anfressungen von Turbinenlaufrädern. Z. V. d. I. 1925, S. 815.

Das erweiterte Saugrohr (Abb. 48):

Für den Durchfluß gilt: $Q = f_3 \cdot c_3 = f_4 \cdot c_4$ oder $\dfrac{c_4}{c_3} = \dfrac{f_3}{f_4}$. Die Geschwindigkeiten ändern sich umgekehrt wie die Querschnitte. Die Geschwindigkeit im erweiterten Saugrohr nimmt also ab. Zwischen dem Eintritt „3" und dem Austritt „4" gilt die Grundgleichung (5):

$$h_3 + \frac{p_3}{\gamma} + \frac{c_3^2}{2g} = h_4 + \frac{p_4}{\gamma} + \frac{c_4^2}{2g} + h_{w_s}.$$

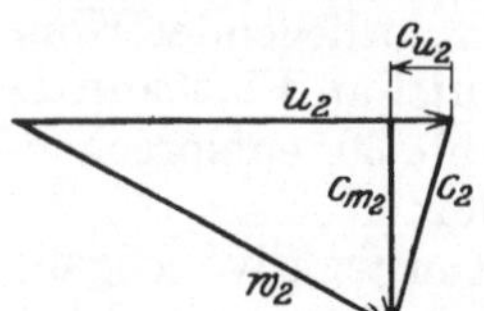

Abb. 47. Austrittsdreieck.

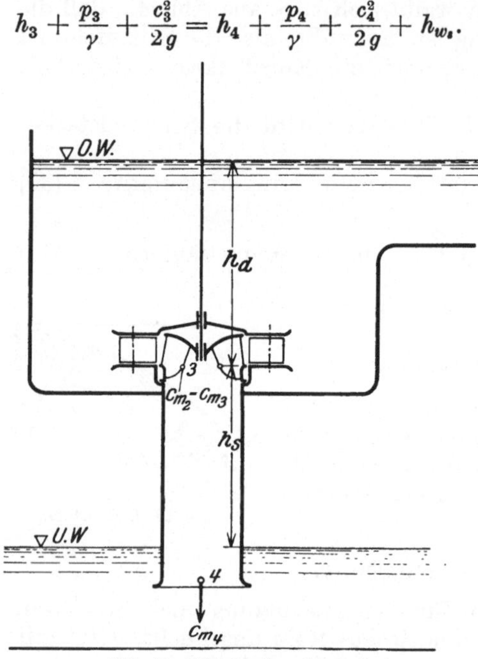

Abb. 46. Zylindrisches Saugrohr.

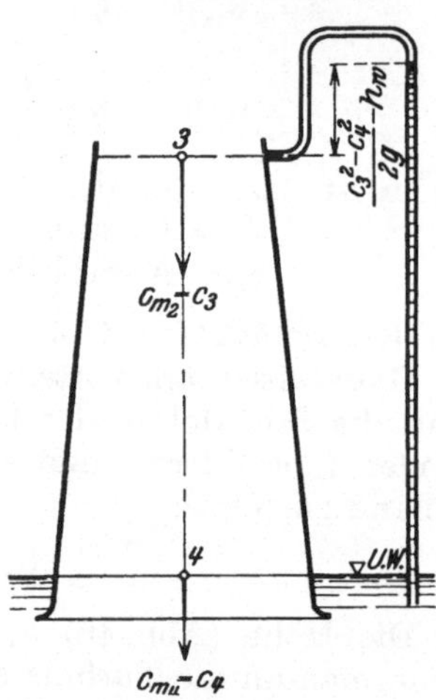

Abb. 48. Erweitertes (konisches) Saugrohr.

Für den Austrittsquerschnitt wird $h_4 = 0$ und $\dfrac{p_4}{\gamma} = 0$. Also ist:

$$\frac{p_3}{\gamma} + \left[h_3 + \left(\frac{c_3^2 - c_4^2}{2g} - h_{w_s}\right)\right] = 0$$

oder

$$\frac{p_3}{\gamma} = \mathfrak{H}_3 = -\left[h_3 + \left(\frac{c_3^2 - c_4^2}{2g} - h_{w_s}\right)\right] \ldots \mathrm{m}.$$

Da: $h_3 = h_s$ = geometrische Saughöhe, und

$\mathfrak{H}_3 = \mathfrak{H}_s$ = manometrische Saughöhe ist, wird

$$\left|\mathfrak{H}_s = -\left[h_s + \left(\frac{c_3^2 - c_4^2}{2g} - h_{w_s}\right)\right]\right| \ldots \mathrm{m}. \tag{31}$$

Die Geschwindigkeitshöhendifferenz $\dfrac{c_3^2 - c_4^2}{2g}$ vergrößert also den Unterdruck am Saugrohreintritt „3", jedoch nicht in theoretischer Höhe, sondern verkleinert um den Reibungshöhenverlust h_{w_s} im Saugrohr.

Der wirkliche Energierückgewinn beträgt bei guten Saugrohren bis zu 80% des theoretischen.

Der eigentliche Austrittsverlust beträgt bei Turbinen, an die ein Saugrohr angeschlossen ist, $\frac{c_4^2}{2g}$. Die Vergrößerung von c_3 hat zwar größere Reibungsverluste im Saugrohr zur Folge, gestattet dafür aber den Bau hochschnellaufender Turbinen, die erst durch den Energierückgewinn im Saugrohr befriedigende Wirkungsgrade erzielen können. Sorgfältige Durchbildung der Saugrohre ist bei solchen Turbinen unbedingt erforderlich.

Der Zweck des Saugrohrkümmers (Abb. 49) ist, ein möglichst langes Saugrohr bei geringer Bauhöhe zu erhalten, das Wasser allmählich auf Untergrabengeschwindigkeit zu bringen und einen allmählichen Übergang vom runden Turbinenquerschnitt zum rechteckigen Untergrabenquerschnitt zu

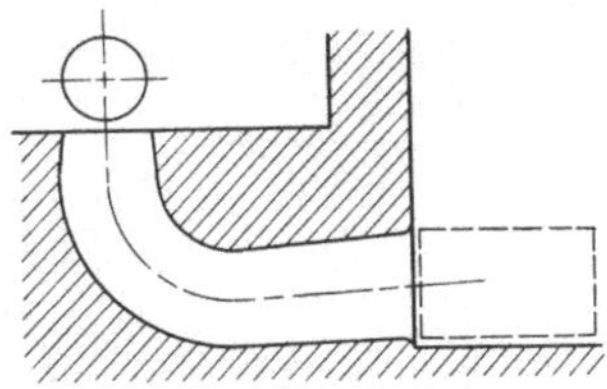

Abb. 49. Saugrohrkrümmer.

schaffen. Infolge der Nebenströmungen im Krümmer[1] sind die Verluste größer als beim geraden Saugrohr. Der Saugrohrkrümmer ist meist als Betonkrümmer im Fundament des Krafthauses ausgeführt.

20. Die Propeller- und Kaplanturbinen.

Mit steigender Schnelläufigkeit wird die Eintrittskante immer mehr gegen das Saugrohr herabgezogen und steht schließlich radial zur Welle. Damit ist dann die höchste Schnelläufigkeit erreicht, jedoch ist der Wirkungsgrad infolge der langen, flachen Schaufeln und hohen Geschwindigkeiten gering. Hier schaffen die Propeller- und Kaplanturbinen Abhilfe, indem sie die Schaufelzahl verringern und den äußeren Laufradkranz weglassen. Die Propellerturbinen (Abb. 50) besitzen etwa 6 bis 8 feststehende Schaufeln. Die Kaplanturbinen sind (Abb. 51) gewöhnlich mit 4 drehbaren Laufradschaufeln ausgerüstet. Die Drehung wird über eine in der hohlen Hauptwelle der Turbine liegende Steuerwelle und einen Hebelmechanismus auf die Laufradschaufel übertragen, wie aus Abb. 51 zu erkennen ist. Die Steuerbewegung der Steuerwelle

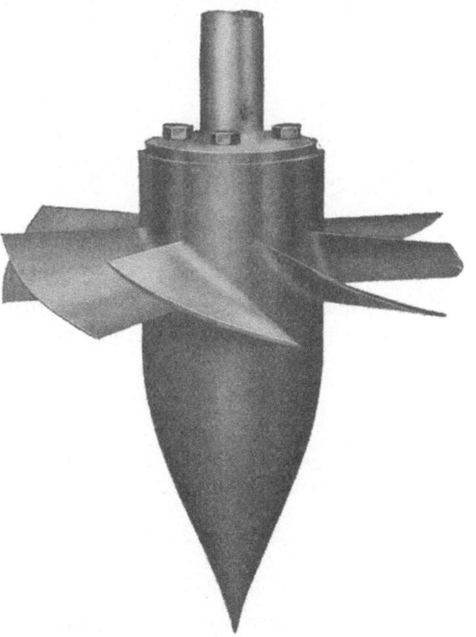

Abb. 50. Achtflügliges Laufrad einer Propellerturbine (Escher-Wyß & Co.).

---

[1] **Hindorks**: Nebenströmungen in gekrümmten Kanälen. Z. V. d. I. 1927, S. 1779

bewirkt ein Drucköl-Servomotor, dessen Steuerventil mit dem Regler
der Turbine verbunden ist. Die Verstellung der Laufradschaufeln

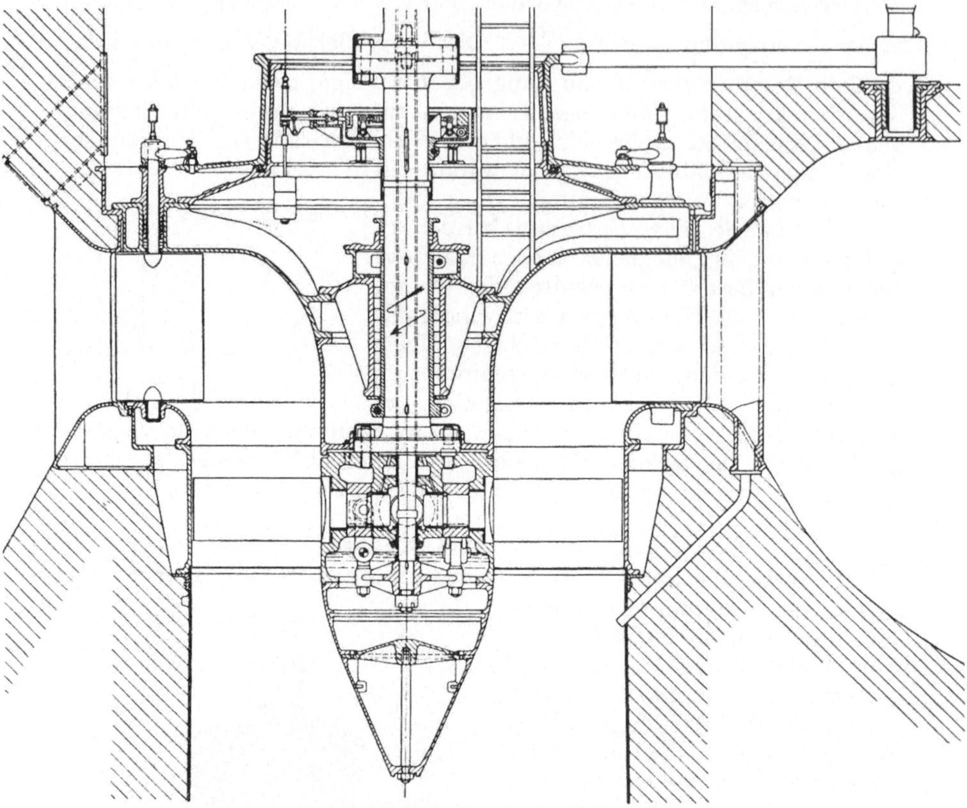

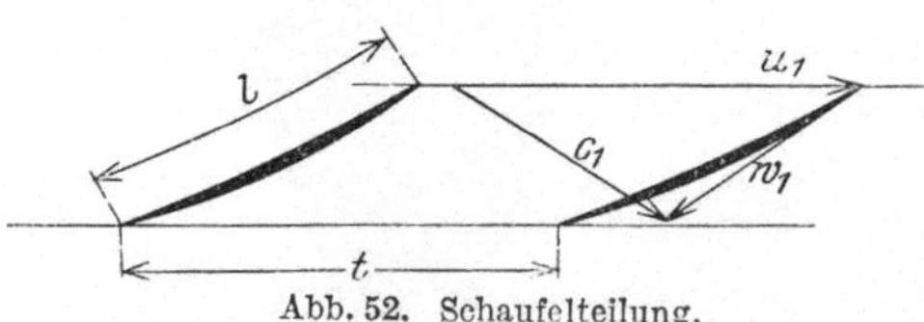

Abb. 51. Kaplanturbine (Escher-Wyß & Co.).
$N = 2050$ PS; $H = 3,97\ldots4,58$ m; $n = 107$ U/min; $n_s = 780$.

erfolgt gleichzeitig mit der Verstellung der Leitschaufeln. Dadurch wird
eine gute Anpassung des Laufradschaufeleintrittes an die bei Teil-
belastung nach Größe und
Richtung veränderte Rela-
tivgeschwindigkeit w_1 und
ein ziemlich gleichbleibend
hoher Wirkungsgrad erzielt[1].
Trotzdem die Teilung t
(Abb. 52) bei der geringen
Schaufelzahl so groß wird, daß die Schaufeln sich nicht mehr über-

Abb. 52. Schaufelteilung.

---

[1] Bremsversuche an einer Kaplanturbine. Z. V. d. I. 1922, S. 252. Versuche
an der Kaplanturbine. Z. V. d. I. 1923, S. 444. Wikyska: Versuchsergebnisse
von Storek-Kaplan-Turbinen. Z. V. d. I. 1924, S. 416. Dubs: Die Propellerturbine. Z. V. d. I. 1924, S. 1243. Großmann: Über Propeller- und Kaplanturbinen. Wasserkraft 1926, S. 7. Reichel: Über Propellerturbinen. Wasserkraft 1926, S. 261.

decken $(l < t)$, d. h. keine Zellen bilden, wird die Energieabgabe doch mit Sicherheit durch die gegenseitige Beeinflussung der Wasserfäden erzwungen[1].

Da bei höheren Gefällen die Gefahr der Kavitation und Korrosion der Schaufeln zu groß wird, werden diese Turbinen im allgemeinen nur für Gefälle $H \leqq 10$ m verwendet. Das verarbeitete Höchstgefälle beträgt z. Zt. 19 m. Aus den gleichen Gründen läßt man auch nur ein geringes Sauggefälle zu.

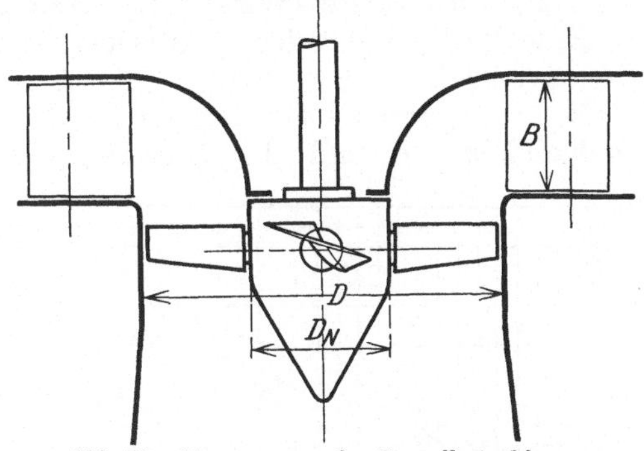

Abb. 53. Abmessungen der Propellerturbinen.

Die Hauptabmessungen ergeben sich nach Abb. 53 aus folgenden Werten:

$$\frac{B}{D} = 0,33 \text{ bis } 0,35; \qquad \frac{D_N}{D} = 0,39 \text{ bis } 0,44; \qquad c_{s_I} = 1,8 \text{ bis } 2,8 \text{ m/s}.$$

Der Reaktionsgrad beträgt etwa: $\varrho = 0,6$. Es werden also 60% der Gesamtenergie durch Rückdruckwirkung im Laufrade ausgenutzt.

21. Wirkungsgrade und Kennlinien.

Aus der Zusammenstellung der Wirkungsgrade verschiedener Turbinenarten (Abb. 54) erkennt man:

Bei neuzeitlich ausgeführten Turbinen ist der höchste Wirkungsgrad bei allen Typen angenähert gleich groß. Das Gebiet hohen Wirkungsgrades ist aber bei den einzelnen Typen sehr verschieden. Während beim Peltonrad z. B. von 20 bis 100% Belastung der Wirkungsgrad $\eta > 0,8$ ist, ist beim Francis-Langsamläufer von 35 bis 100% Belastung $\eta > 0,8$ und bei der Propellerturbine sogar nur von 75 bis 100% Belastung $\eta > 0,8$. Bei steigender Schnelläufigkeit wird also der Bereich hohen Wirkungsgrades ständig kleiner. Das wird hervorgerufen durch den Stoß des Wassers auf den Rücken der Laufradschaufeln bei veränderter Leitschaufelstellung und das dadurch bedingte gegenwirkende Drehmoment, durch die Wirbelverluste usw. Feste Laufradschaufeln und bewegliche Leitschaufeln können eben nur bei derjenigen Stellung zueinander den besten Wirkungsgrad haben, die dem Entwurf zugrunde gelegt war.

Damit erklärt sich auch der ganz andere Verlauf der Wirkungsgradkurve der Kaplanturbine (Abb. 54): Durch Drehung der Laufradschaufeln wird der Schaufelwinkel β_1 bei veränderter Belastung der nach Größe

---

[1] Bauersfeld: Die Grundlagen zur Berechnung schnellaufender Kreiselräder. Z. V. d. I. 1922, S. 461 u. S. 514. Schilhansl: Fragen der neueren Turbinentheorie. Z. V. d. I. 1925, S. 779. — Beitrag zur Berechnung axialer Schnelläufer. Wasserkraft u. Wasserwirtschaft 1929, S. 85.

und Richtung veränderten Relativgeschwindigkeit w_1 so gut wie möglich angepaßt und damit ein großer Bereich hohen Wirkungsgrades erzielt.

Die Kennlinien (Wirkungsgradfeld).

Eine Turbine von der spezifischen Drehzahl $n_s = 165$ wurde einem Bremsversuch unterworfen.

Bei der größten Leitschaufelöffnung $a_{max} = 1$ wurden zwischen der Drehzahl $n = 0$ und der Leerlaufdrehzahl n_{max} die Wassermengen

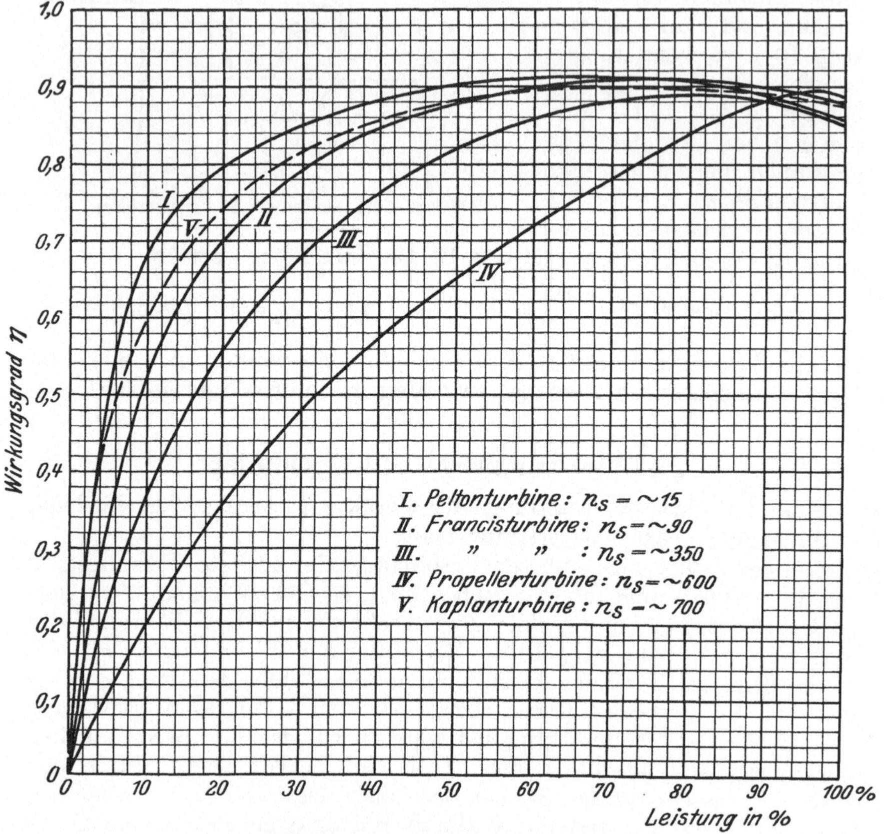

Abb. 54. Wirkungsgrade von Turbinen.

$Q\ldots\mathrm{m}^3/\mathrm{s}$ und die Wirkungsgrade η festgestellt. Weitere Versuchsreihen wurden durchgeführt für $a = 0{,}75$, $a = 0{,}5$ und $a = 0{,}25$.

Alle Werte werden auf die Gefällshöhe $H = 1$ m umgerechnet, um eine einheitliche Vergleichsgrundlage mit anderen Versuchen zu haben. Es ist:

$$n_I = \frac{n}{\sqrt{H}}\,; \quad Q_I = \frac{Q}{\sqrt{H}}\,.$$

Man trägt $Q_I = f(n_I)$ (Abb. 55) und $\eta = f(n_I)$ (Abb. 56) in 2 Diagrammen auf. Der Wirkungsgrad η verändert sich bei der Umrechnung auf $H = 1$ m nicht.

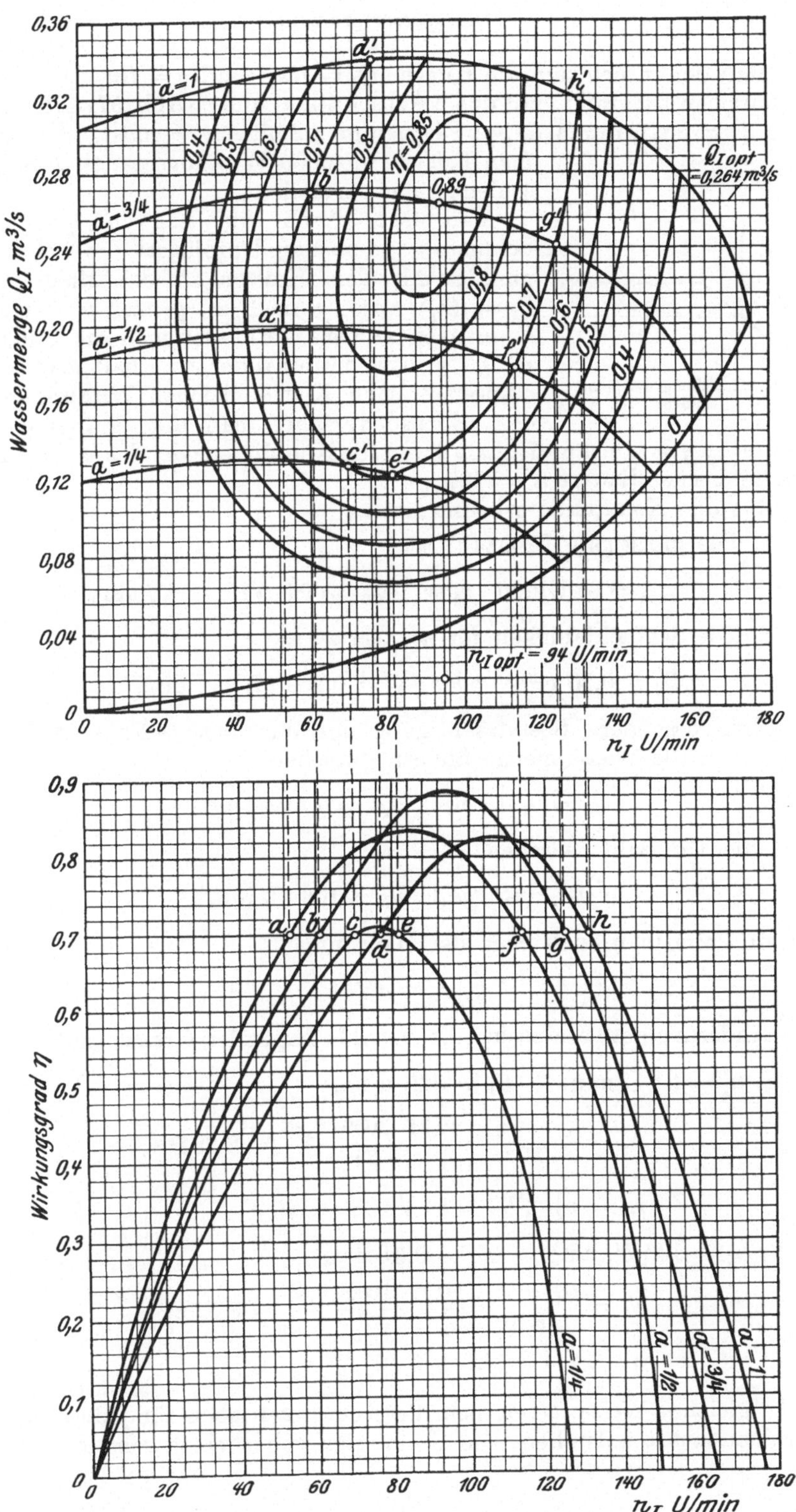

Abb. 55 und 56. Kennlinien (Wirkungsgradfeld) einer Francisturbine (n_s = 165).

Man denkt sich nun die Kurven $Q_I = f(n_I)$ und $\eta = f(n_I)$ in einem räumlichen Diagramm mit den 3 Achsen Q_I, n_I und η (Abb. 57) aufgetragen. Legt man durch dieses Diagramm Schnitte $\eta =$ const, so erhält man Kurven gleichen Wirkungsgrades. Das geschieht folgendermaßen:

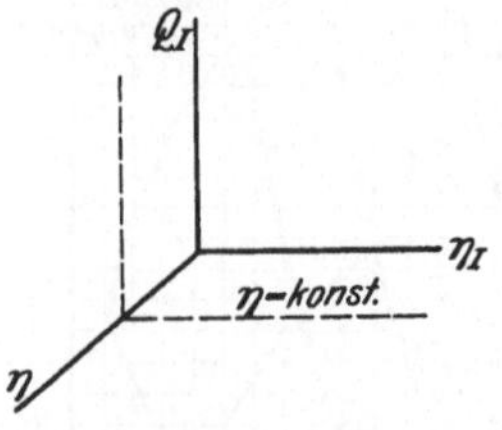

Man legt durch die Kurven $\eta = f(n_I)$ Schnitte $\eta =$ const und projiziert die Schnittpunkte mit den Kurven in das Diagramm $Q_I = f(n_I)$; also: x nach x', y nach y', z nach z', m nach m' usw. Verbindet man die Punkte m', y', x' usw. miteinander, so erhält man eine ellipsenähnliche Kurve gleichen Wirkungsgrades. Ebenso verfährt man mit den anderen Schnitten $\eta =$ const und erhält damit die Kennlinien oder das Wirkungsgradfeld einer Bauart $n_s = 165$.

Abb. 57. Schema der Kennlinien.

Aus den Kennlinien erkennt man:

1. Die günstigste Drehzahl ist:

$$n_{I\,\mathrm{opt}} = 94\ \mathrm{U/min} \quad \text{oder} \quad n_{\mathrm{opt}} = 94 \cdot \sqrt{H} \ldots \mathrm{U/min}.$$

2. Die Schluckfähigkeit für $n_{I\,\mathrm{opt}}$ ist:

$$Q_I = 0{,}26\ \mathrm{m^3/s} \quad \text{oder} \quad Q = 0{,}26 \cdot \sqrt{H} \ldots \mathrm{m^3/s}.$$

Ohne besondere Beeinträchtigung des Wirkungsgrades ($\eta \geq 0{,}85$) kann sich die Wassermenge ändern zwischen

$$Q_I = 0{,}21 \quad \text{und} \quad Q_I = 0{,}31 \ldots \mathrm{m^3/s}$$

und die Drehzahl zwischen

$$n_I = 84 \quad \text{und} \quad n_I = 106\ \mathrm{U/min}.$$

Mithin kann man auch nach der Gleichung

$$n_s = n_I \cdot \sqrt{N_I}$$

eine Änderung der spezifischen Drehzahl in folgenden Grenzen zulassen:

a) $n_I = 84\ \mathrm{U/min}$; $Q_I = 0{,}21\ \mathrm{m^3/s}$,

$$N_I = \frac{Q_I \cdot \gamma \cdot \eta}{75} = \frac{0{,}21 \cdot 1000 \cdot 0{,}85}{75} = 2{,}38\ \mathrm{PS},$$

$$n_s = n_I \cdot \sqrt{N_I} = 84 \sqrt{2{,}38} = 130.$$

b) $n_I = 106\ U/\mathrm{min}$; $Q_I = 0{,}31\ \mathrm{m^3/s}$,

$$N_I = \frac{Q_I \cdot \gamma \cdot \eta}{75} = \frac{0{,}31 \cdot 1000 \cdot 0{,}85}{75} = 3{,}52\ \mathrm{PS},$$

$$n_s = n_I \cdot \sqrt{N_I} = 106 \cdot \sqrt{3{,}52} = 198.$$

In gleicher Weise lassen sich die Kennlinien auch für jede andere Turbinenbauart aufstellen. Die Kennlinien geben einen sehr anschaulichen Überblick über das Verhalten einer Turbine bei veränderten Betriebsverhältnissen[1].

Beispiel. Die Hauptabmessungen einer Francisturbine für $Q = 800\,l/s$; $H = 14,3\,m$; $n = 750\,U/min$ und $\eta = 0,87$ sind zu berechnen. Laufrad und Leitapparat sind maßstäblich zu entwerfen. (Abb. 58.)

Leistung:
$$N_e = \frac{Q \cdot \gamma \cdot H \cdot \eta}{75} = \frac{0,8 \cdot 1000 \cdot 14,3 \cdot 0,87}{75} = 133\,\text{PS},$$

spez. Drehzahl:
$$n_s = \frac{n \cdot \sqrt{N}}{H \sqrt[4]{H}} = \frac{750 \cdot \sqrt{133}}{14,3 \sqrt[4]{14,3}} = 311$$

ergibt: Schnelläufer.

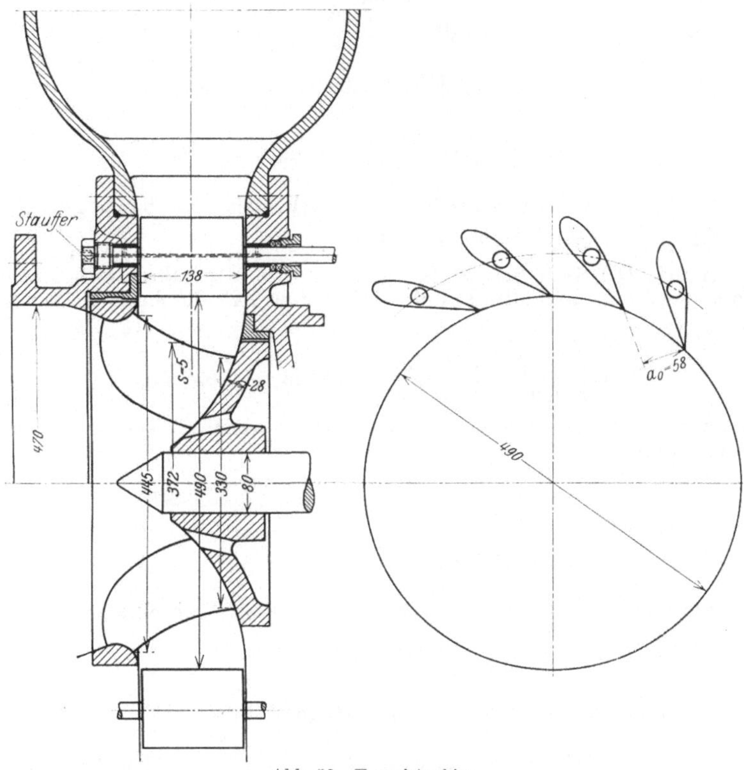

Abb. 58. Francisturbine.

Hauptabmessungen (aus Abb. 23 für $n_s = 311$) des Laufrades:

Saugrohrdurchmesser D_s: $c_s = c_{s_1} \cdot \sqrt{H} = 1,23 \cdot \sqrt{14,3} = 4,66\,m/s$,

$$D_s = \sqrt{\frac{4 \cdot Q}{\pi \cdot c_s}} = \sqrt{\frac{4 \cdot 0,8}{\pi \cdot 4,66}} = 0,466\,m = \sim 470\,mm.$$

---

[1] Müller: Auswertung der Kennlinien von Francisturbinen. Z. V. d. I. 1923, S. 57. Dubs: Die Eigenschaften der Wasserturbinen bei gleichbleibender Drehzahl und stark veränderlichem Gefälle. Z. V. d. I. 1924, S. 872. Kohn: Verhalten von Wasserturbinen bei Änderung der Drehzahl und des Gefälles. Wasserkraft 1926, S. 40 u. 55.

Durchmesser D_a:　$u_a = 3{,}4 \cdot \sqrt{H} = 3{,}4 \cdot \sqrt{14{,}3} = 12{,}9 \text{ m/s}$,

$$D_a = \frac{60 \cdot u_a}{\pi \cdot n} = \frac{60 \cdot 12{,}9}{\pi \cdot 750} = 0{,}329 \text{ m} = \sim 330 \text{ mm}.$$

Durchmesser D_b:　$u_b = 4{,}6 \cdot \sqrt{14{,}3} = 17{,}4 \text{ m/s}$,

$$D_b = \frac{60 \cdot 17{,}4}{\pi \cdot 750} = 0{,}443 \text{ m} = \sim 445 \text{ mm}.$$

Breite B:　　　　$\frac{B}{D_b} = 0{,}31$;　　$B = 0{,}31 \cdot 445 = 138 \text{ mm}$.

Wellenstärke:　　$d_w = 13 \sqrt[3]{\frac{N}{n}} = 13 \sqrt[3]{\frac{133}{750}} = 7{,}32 \text{ cm} = \sim 80 \text{ mm}$.

Schaufelzahl:　　$i_1 = 12$ gewählt.

Schaufelstärke:　　$s = 0{,}01 \cdot D_b \cdot \sqrt{\frac{H}{i_1}} + 0{,}002 \text{ m}$,

$$= 0{,}01 \cdot 0{,}445 \sqrt{\frac{14{,}3}{12}} + 0{,}002 = 0{,}00686 \text{ m}.$$

$$s = 7 \text{ mm erscheint zu stark, daher } s = 5 \text{ mm gewählt.}$$

Bodenstärke:　　$\delta = (5 \text{ bis } 6) \cdot s = 28 \text{ mm}$.

Saugrohr: Die Saughöhe sei $H_s = 4$ m und die Saugrohraustrittsgeschwindigkeit $c_4 = 1{,}5$ m/s gewählt. Damit wird der Austrittdurchmesser des Saugrohres:

$$D_4 = \sqrt{\frac{4 \cdot Q}{\pi \cdot c_4}} = \sqrt{\frac{4 \cdot 0{,}8}{\pi \cdot 1{,}5}} = 0{,}824 \text{ m} = \sim 830 \text{ mm}.$$

Es werde ein gerades, konisches Blechsaugrohr gewählt. Der Erweiterungswinkel ist dann:

$$\operatorname{tg} \frac{\gamma}{2} = \frac{D_4 - D_s}{2 \cdot l} = \frac{830 - 470}{2 \cdot 4000} = \frac{360}{8000} = 0{,}045,$$

$$\frac{\gamma}{2} = 2^0\,35' \quad \text{oder} \quad \gamma = \sim 5^0.$$

Der Erweiterungswinkel soll den Wert: $\gamma = 8^0$ bis 10^0 nicht überschreiten.

Leitrad:　　Weite: $a_0 = 1{,}06 \dfrac{Q_{\max}}{i_0 \cdot B \cdot c_0 \cdot k_0}$.

Zahl der Leitschaufeln: $i_0 = 16$ gewählt.

Größte Wassermenge: $Q_{\max} = \dfrac{Q_{\text{norm}}}{f} = \dfrac{0{,}8}{0{,}9} = 0{,}89 \text{ m}^3/\text{s}$

(f aus Abb. 23 für $n_s = 311$).

$$c_0 = \sqrt{c_{m_0}^2 + c_{u_0}^2},$$

$$c_{m_0} = \frac{Q_{\max}}{\pi \cdot D_0 \cdot B} = \frac{0{,}80}{\pi \cdot 0{,}49 \cdot 0{,}138} = 4{,}18 \text{ m/s}.$$

$D_0 = 490$ mm aus dem Entwurf (Abb. 58) entnommen.

$$c_{u_0} = \frac{D_1}{D_0} \cdot c_{u_1} = \frac{0{,}372}{0{,}490} \cdot 8{,}98 = 6{,}82 \text{ m/s},$$

$D_1 = 0{,}372$ m aus dem Entwurf (Abb. 58).

$$cu_1 = \frac{\eta_h \cdot g \cdot H}{u_1} = \frac{0{,}9 \cdot 9{,}81 \cdot 14{,}3}{14{,}6} = 8{,}98 \text{ m/s},$$

$$u_1 = \frac{D_1 \cdot \pi \cdot n}{60} = \frac{0{,}372 \cdot \pi \cdot 750}{60} = 14{,}6 \text{ m/s}.$$

Damit wird:

$$c_0 = \sqrt{c_{m_0}^2 + c_{u_0}^2} = \sqrt{4{,}18^2 + 6{,}82^2} = \sim 8 \text{ m/s}$$

und

$$a_0 = \frac{1{,}05 \cdot 0{,}89}{16 \cdot 0{,}138 \cdot 8 \cdot 0{,}92} = 0{,}0575 \text{ m} = \sim 58 \text{ mm}.$$

Verengungsbeiwert: $k_0 = 0{,}92$ gewählt.

22. Anordnung der Wasserturbinen.

Die Anordnung einer Turbinenanlage richtet sich nach Gefälle, Wassermenge und den örtlichen Geländeverhältnissen und weist dementsprechend große Verschiedenheiten auf.

Für Gefälle $H \leq 8$ bis 10 m werden die Turbinen meist in offenen Wasserschacht eingebaut. Stehende Wellen gestatten, das Maschinenhaus oberhalb des Oberwasserspiegels zu legen und damit gegen Wassereinbruch zu schützen. Die Energieübertragung auf die wagerechte Generatorwelle erfolgt bei Anordnung einer Turbine durch Kegelräder mit Obergriff (Abb. 60), bei Anordnung mehrerer Turbinen durch Kegelräder mit Untergriff (Abb. 62), da letz-

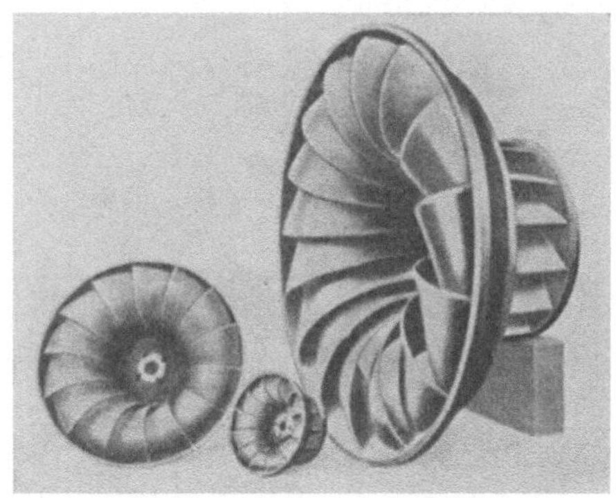

Abb. 59. Laufräder von Francis-Schnelläufer-Turbinen (K. u. Th. Möller, Brackwede).

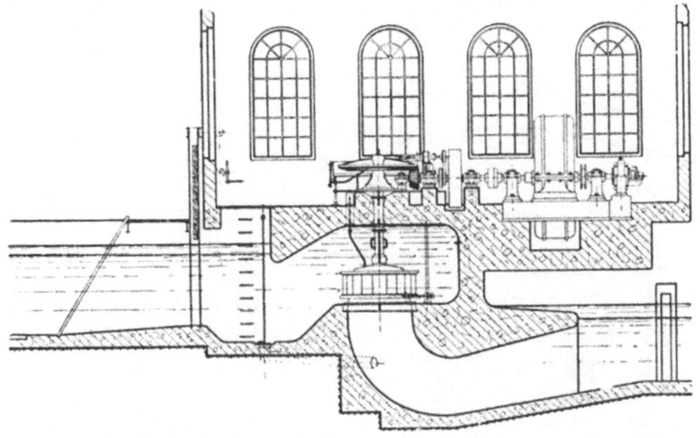

Abb. 60. Vertikale Francisturbine mit Tauchdecke und Obergriff-Kegelräderübersetzung (K. u. Th. Möller, Brackwede).

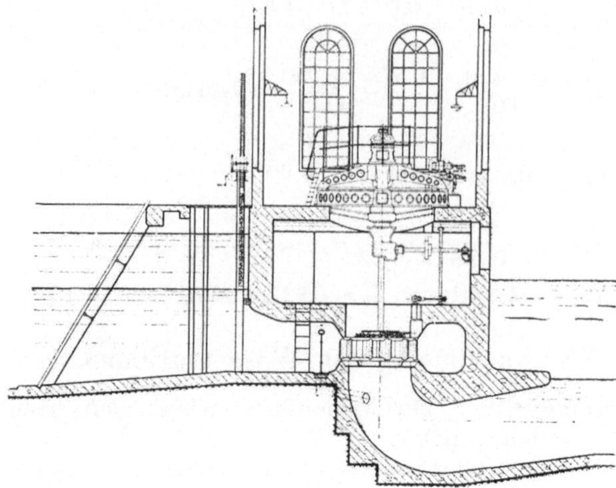

Abb. 61. Vertikale Francisturbine mit Betonspirale und Schirmgenerator (K. u. Th. Möller, Brackwede).

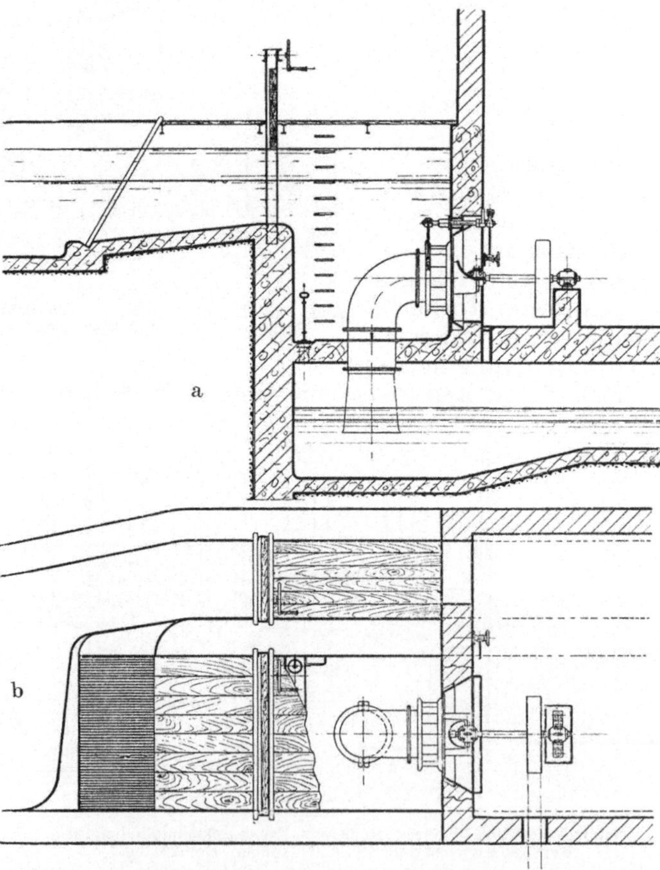

Abb. 63 a u. b. Horizontale Francisturbine im offenen Schacht. Krümmer im
Schacht (K. u. Th. Möller, Brackwede).

terer die Kupplung mehrerer Turbinen gestattet. Des Geräusches wegen
wird heute noch vielfach bei kleineren Anlagen das große Kegelrad mit

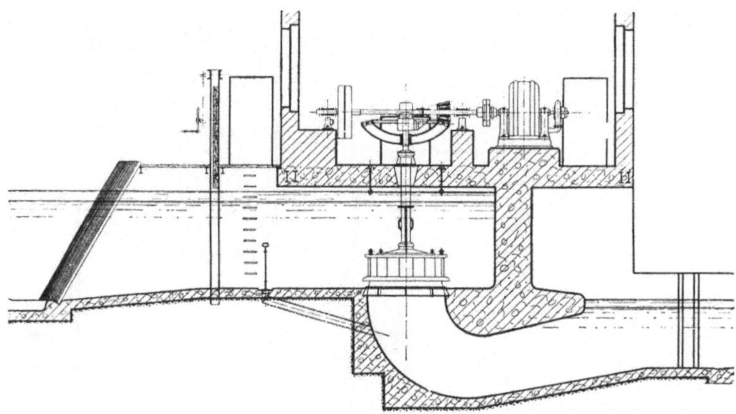

Abb. 62. Vertikale Francisturbine mit Untergriff-Kegelräderübersetzung
(K. u. Th. Möller, Brackwede.)

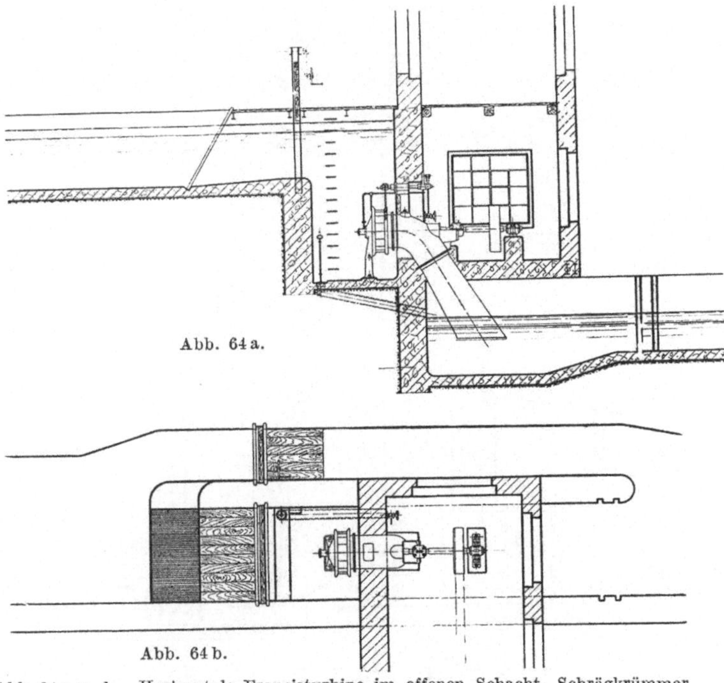

Abb. 64 a.

Abb. 64 b.

Abb. 64 a u. b. Horizontale Francisturbine im offenen Schacht. Schrägkrümmer
(K. u. Th. Möller, Brackwede).

Holzzähnen versehen. Bei größeren Leistungen wird der Generator oft
als *Schirmgenerator* (Abb.61) direkt auf die stehende Turbinenwelle

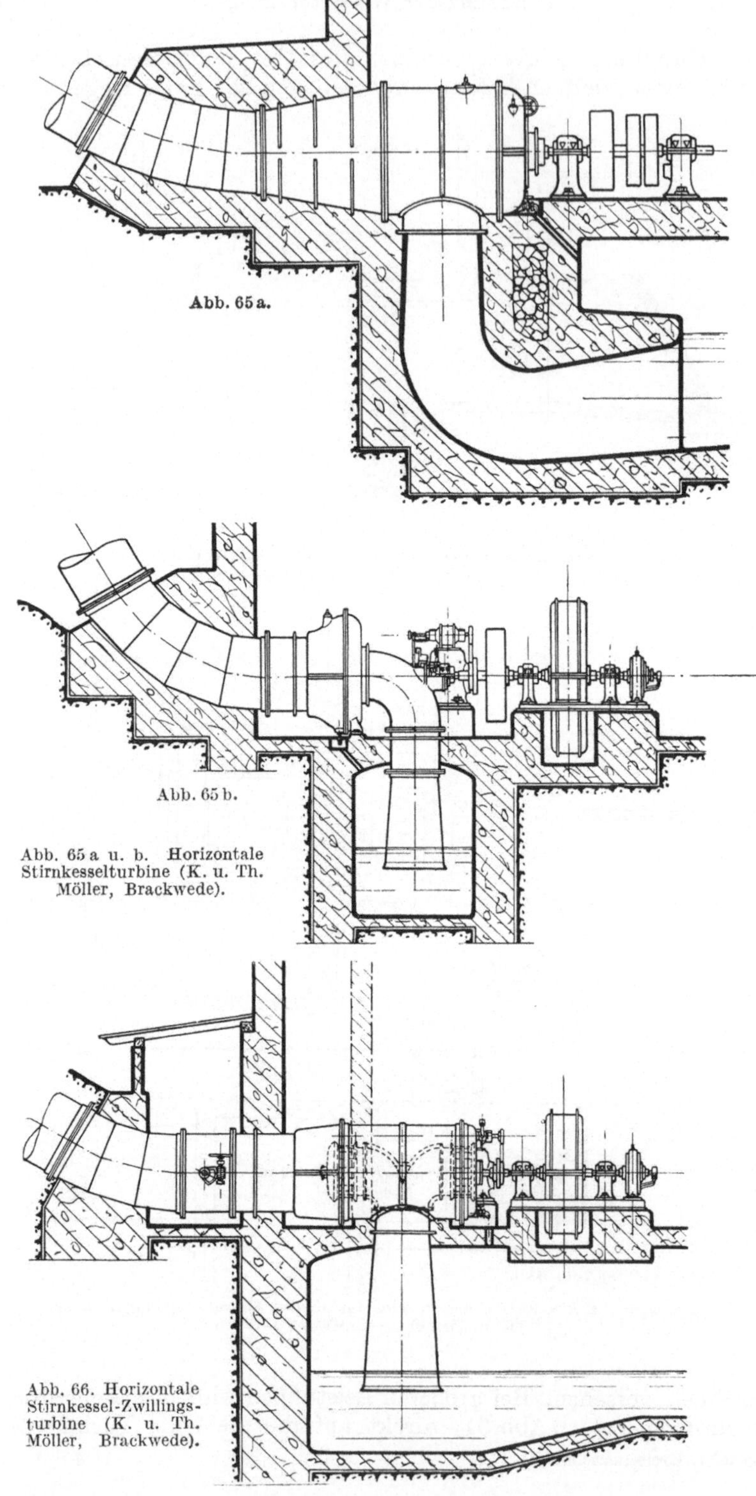

Abb. 65 a.

Abb. 65 b.

Abb. 65 a u. b. Horizontale Stirnkesselturbine (K. u. Th. Möller, Brackwede).

Abb. 66. Horizontale Stirnkessel-Zwillings-turbine (K. u. Th. Möller, Brackwede).

aufgesetzt. Um bei ganz kleinen Gefällen die Turbine über dem Unterwassserspiegel aufstellen zu können, wird das Wasser in der Turbinenkammer hochgesaugt (Abb. 60).

Die liegende Bauart der Schachtturbinen gestattet eine übersichtlichere Anordnung und bequemen Weiterleitung der Energie durch die wagerechte Welle, doch besteht für den Maschinenraum die Gefahr eines Wassereinbruchs. Hydraulisch ungünstig ist die mehrfache Umlenkung des Wassers und die eventuelle Versperrung des Saugrohres durch die Welle (Abb. 63 u. 64), die erhebliche Wirbelverluste zur Folge hat. Einradturbinen (Abbildung 63 und 64) müssen zur Aufnahme des Axialschubes mit Kammlagern ausgerüstet sein.

Für Gefälle $H > 10$ m kommen in der Regel nur Gehäuseturbinen in Frage, die als Stirnkesselturbinen (Abb. 65a, 65b, 66) und Querkesselturbinen in Einrad- (Abbildung 65a und 65b) und Zwillingsausführung (Abb. 66) vorkommen. Vorteilhaft ist die übersichtliche Anordnung und leichte Zugänglichkeit aller Teile.

Für ganz hohe Gefälle (bis zu 280 m)

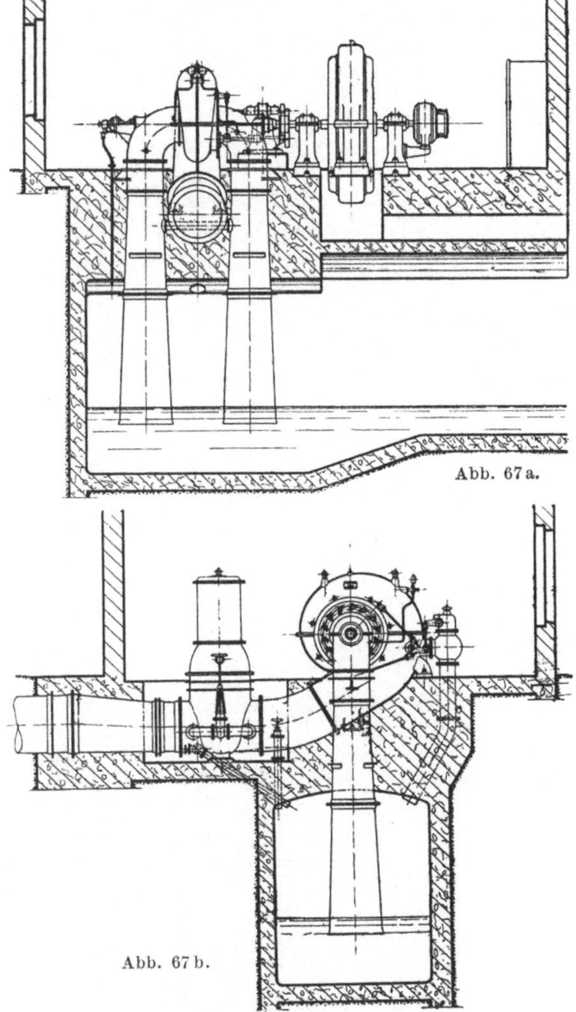

Abb. 67a.

Abb. 67b.

Abb. 67a u. b. Horizontale Doppel-Spiralturbine (K. u. Th. Möller, Brackwede).

werden Spiralturbinen in Einrad- und Zwillingsausführung (Abb. 67) gewählt. Im Spiralgehäuse kann durch entsprechende Abnahme der Querschnitte die Einlaufgeschwindigkeit konstant gehalten und im Leitapparat ausgenützt werden, während bei den Gehäuseturbinen die Einlaufgeschwindigkeit zur Ausnützung verloren geht.

4*

52

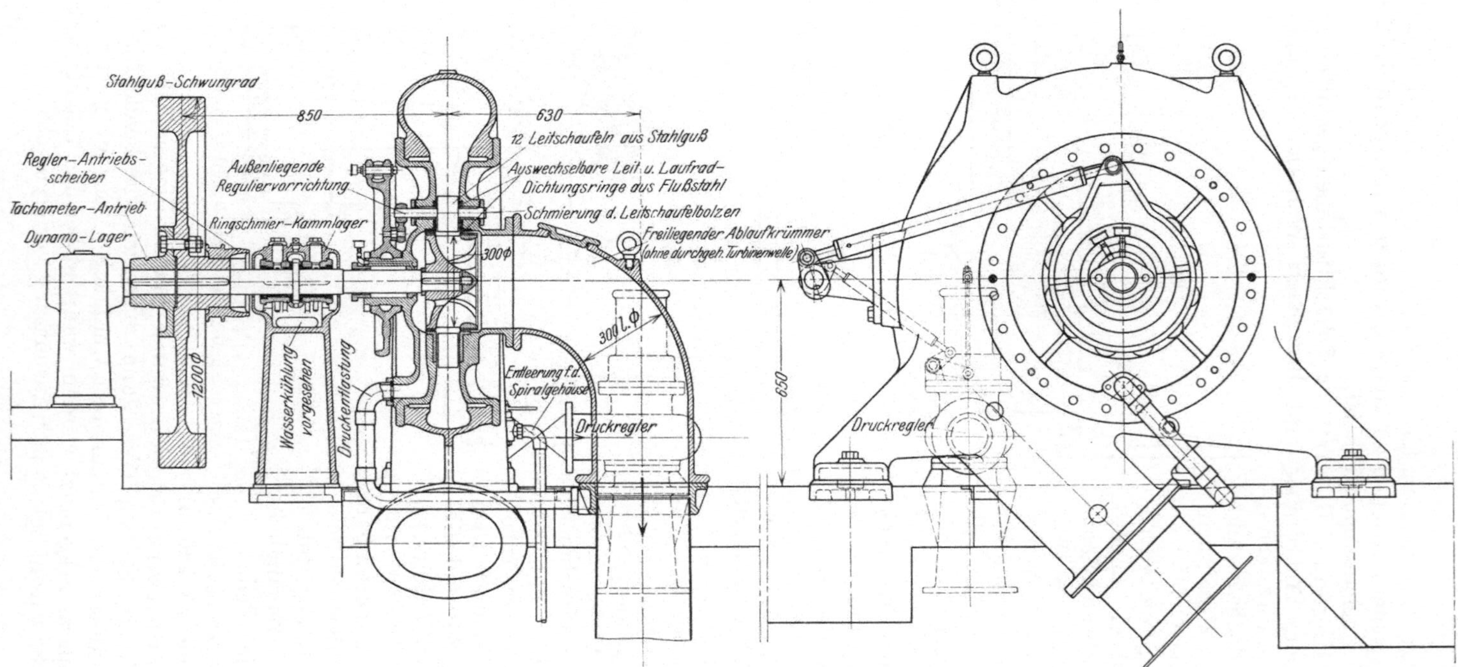

Abb. 68. Francis-Spiralturbine (F. Dippe, Schladen-H.).

Literaturnachweis.

Camerer, R.: Vorlesungen über Wasserkraftmaschinen, 2. Aufl. 1924. Bearbeitet von B. Esterer. Mit 646 Abb. im Text und 42 Tafeln.

Escher, R.: Die Theorie der Wasserturbinen, 3. Aufl. 1924. Herausgegeben von R. Dubs. Mit 364 Abb. im Text und 1 Tafel.

Holl, P.: Berechnen und Entwerfen von Turbinen- und Wasserkraftanlagen und die Anwendung des Turbinen-Rechenschiebers, 4. Aufl. 1927. Bearbeitet von E. Glunk. Mit 41 Abb. und 6 Tafeln.

Keyl, L.: Wasserkraftmaschinen und Wasserkraftanlagen, 1926. Mit 83 Abb.

Lawaczeck, F.: Wasserkraftausnützung und Wasserkraftmaschinen, 1921. Mit 57 Abb.

Quantz, L.: Wasserkraftmaschinen, 6. Aufl. 1926. Mit 207 Abb.

Sonneck, E.: Theorie der Durchströmturbine, 1923. Mit 24 Abb.

Thomann, R.: Die Wasserturbinen und Turbinenpumpen, 1. Teil, 3. Auflage. 1924. Mit 170 Abb.

— Regeln für Abnahmeversuche an Wasserkraftmaschinen. Herausgegeben vom VDI und DWWV, Berlin 1926.

III. Die Kreiselpumpen.

23. Allgemeines.

Man unterscheidet:

1. nach der Förderhöhe

a) Niederdruckpumpen $H < 20$ m;

b) Mitteldruckpumpen $H = 20$ bis 50 m;

c) Hochdruckpumpen $H > 50$ m.

2. nach der Stufenzahl

a) Einstufige Pumpen, d. h. die gesamte Förderhöhe wird in einem Laufrade erzeugt.

b) Mehrstufige Pumpen, d. h. die gesamte Förderhöhe wird in mehreren hintereinander geschalteten Laufrädern erzeugt, die von der Flüssigkeit nacheinander durchströmt werden. Jedes Laufrad erzeugt dann einen entsprechenden Teil der Gesamtförderhöhe; z. B. bei einer 4stufigen Pumpe kommt auf jedes Laufrad ¼ der Gesamtförderhöhe.

Bei Mittel- und Hochdruckpumpen ordnet man heute fast stets einen Leitapparat an, in dem die im Laufrade erzeugte Geschwindigkeitshöhe in Druckhöhe umgewamdelt wird (Diffusorwirkung). Die Verwendung des Leitapparates steigert den Wirkungsgrad der Pumpe um 3 bis 10%. Kleine Pumpen für geringe Förderhöhen erhalten des geringeren Preises wegen keinen Leitapparat.

Allgemeine Anordnung. Wenn auch eine Steuerung der Förderflüssigkeit nicht erforderlich ist, benötigt die Kreiselpumpe doch für Anlassen und Regelung verschiedene Hilfsorgane.

Beim Anlassen muß das Laufrad mit Wasser gefüllt sein, weil die Fliehkraft der Luft im rotierenden Laufrad für eine genügende Saugwirkung nicht ausreicht. Das Auffüllen des Laufrades geschieht durch eine Umführung am Regelschieber (Abb. 69), nachdem vorher das

Fußventil geschlossen worden ist. Pumpen, die vollständig im Unterwasser liegen (z. B. Deichpumpen), können jederzeit ohne weiteres angelassen werden und benötigen kein Fußventil. Ebenso brauchen selbstansaugende Pumpen vorher nicht aufgefüllt zu werden[1].

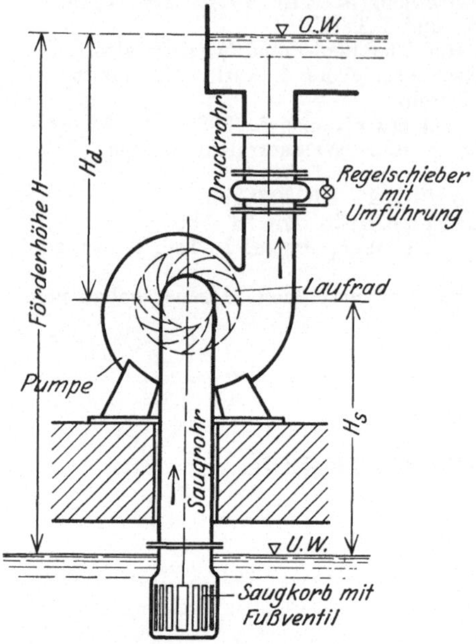

Der Regelschieber regelt die Fördermenge. Beim Anlassen läßt man die Pumpe so lange gegen den geschlossenen Regelschieber laufen, bis die Betriebsdrehzahl erreicht ist. Dann erst wird der Regelschieber geöffnet und die Förderung beginnt.

Abb. 69. Allgemeine Anordnung einer Kreiselpumpe.

24. Theorie der Kreiselpumpen[2].

1. Die Schaufelformen (Abb. 70).

Man geht aus von der ersten Form der Turbinenhauptgleichung für Arbeitsmaschinen (9):

$$\frac{H}{\eta_h} = \frac{c_2^2 - c_1^2}{2g} + \frac{u_2^2 - u_1^2}{2g} + \frac{w_1^2 - w_2^2}{2g}.$$

Darin bedeuten:

$\dfrac{c_2^2 - c_1^2}{2g}$ die **dynamische** Förderhöhe, die erst in einem besonderen Leitrad oder Spiralgehäuse in Druckhöhe umgewandelt wird;

$\dfrac{u_2^2 - u_1^2}{2g} + \dfrac{w_1^2 - w_2^2}{2g}$ die **statische** Förderhöhe oder den Spaltdruck, d. h. diese Energie ist bereits am Laufradaustritt als Druckenergie vorhanden.

Der folgenden Betrachtung der verschiedenen Schaufelformen sei das gleiche Eintrittsdiagramm zugrunde gelegt.

Schaufel I: Bei dieser „neutralen" Schaufel ist

$$\frac{H}{\eta_h} = 0; \quad \text{also:} \quad \frac{c_2^2 - c_1^2}{2g} + \frac{u_2^2 - u_1^2}{2g} + \frac{w_1^2 - w_2^2}{2g} = 0,$$

ferner ist:

$$c_2 = c_1; \qquad \frac{c_2^2 - c_1^2}{2g} = 0;$$

damit wird:

$$\frac{u_2^2 - u_1^2}{2g} + \frac{w_1^2 - w_2^2}{2g} = 0 \quad \text{oder} \quad \frac{u_2^2 - u_1^2}{2g} = \frac{w_2^2 - w_1^2}{2g}.$$

---

[1] Neumann: Neuere Bauarten von selbstansaugenden Kreiselpumpen. Z. V. d. I. 1926. S. 1573.

[2] Smissen, van der: Zur Theorie der Zentrifugalpumpen. Z. V. d. I. 1923, S. 13. Bader: Berechnung von Kreiselpumpen. Z. V. d. I. 1924, S. 1145. Eck-Bader: Berechnung von Kreiselpumpen. Z. V. d. I. 1925, S. 471. Franz: Beitrag zur Berechnung von Kreiselpumpen. Z. V. d. I. 1928, S. 84.

Die Beschleunigung durch die Raddrehung wird also zur Vergrößerung der Relativgeschwindigkeit w verbraucht.

Schaufel II: Die Schaufel ist nicht so stark rückwärts gekrümmt, der Winkel β_2 also größer als bei Schaufel I. Damit wird $w_2 < w_1$ und $c_2 > c_1$. Die gesamte Förderhöhe wird teils statisch ($\sim \frac{2}{3}$) und teils dynamisch ($\sim \frac{1}{3}$) erzeugt. Diese Schaufel wird meistens ausgeführt.

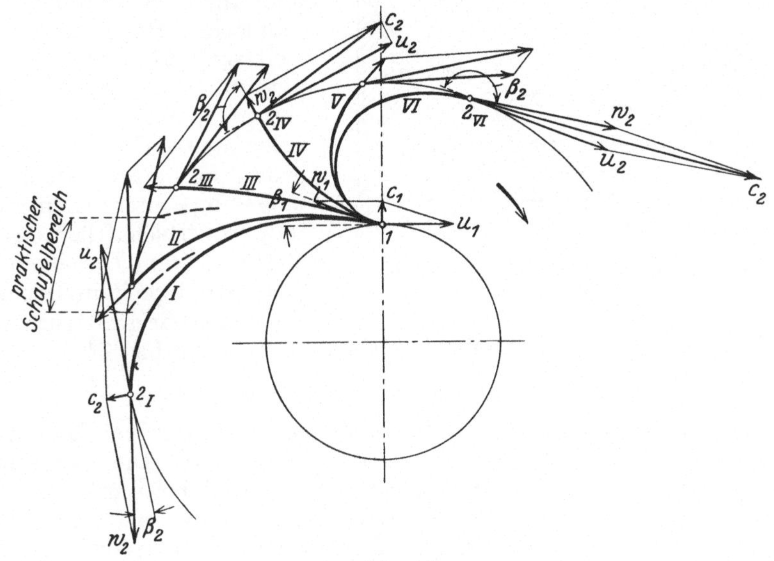

Abb. 70. Schaufelformen.

Schaufel IV: Diese sogenannte „Rittinger"-Schaufel endet radial. Es ist: $w_2 = c_1$ und $c_{u2} = u_2$.

Mit $\alpha_1 = 90^0$, d. h. $c_{u1} = 0$, wird nach Gl. (10a)

$$\frac{g \cdot H}{\eta_h} = u_2^2 \quad \text{oder} \quad \frac{H}{\eta_h} = \frac{u_2^2}{g}.$$

Die dynamische Förderhöhe ist:

$$\frac{c_2^2 - c_1^2}{2g}; \qquad c_1 = w_2; \qquad c_2^2 - w_2^2 = u_2^2 \text{ nach Diagramm.}$$

Damit wird:

$$\frac{c_2^2 - w_2^2}{2g} = \frac{u_2^2}{2g} = \frac{1}{2} \cdot \frac{H}{\eta_h}.$$

Die Förderhöhe wird also halb dynamisch, halb statisch erzeugt.

Schaufel VI: Die Schaufel ist vorwärts gekrümmt. Mit $\beta_2 = 180^0 - (\beta_2 \text{ der Schaufel I})$ wird:

$$\frac{u_2^2 - u_1^2}{2g} + \frac{w_1^2 - w_2^2}{2g} = 0.$$

Also:

$$\frac{H}{\eta_h} = \frac{c_2^2 - c_1^2}{2g}.$$

Die gesamte Förderhöhe wird dynamisch erzeugt, das Laufrad also bei gleichbleibendem Druck durchflossen (vgl. Gleichdruckturbine).

Zusammenfassung (Abb. 71).

Je mehr die Schaufel vorwärts gekrümmt ist, um so größer ist die Förderhöhe, um so größer ist aber auch der Anteil der dynamischen Höhe, der erst im Leitapparat in Druckhöhe umgewandelt werden muß. Theoretisch ergibt die vorwärts gekrümmte Schaufel VI die größte Förderhöhe, doch wäre eine Pumpe mit solchen Schaufeln unwirtschaftlich, da die Verluste beim Umsetzen von Geschwindigkeit in Druck im Leitrade sehr groß würden.

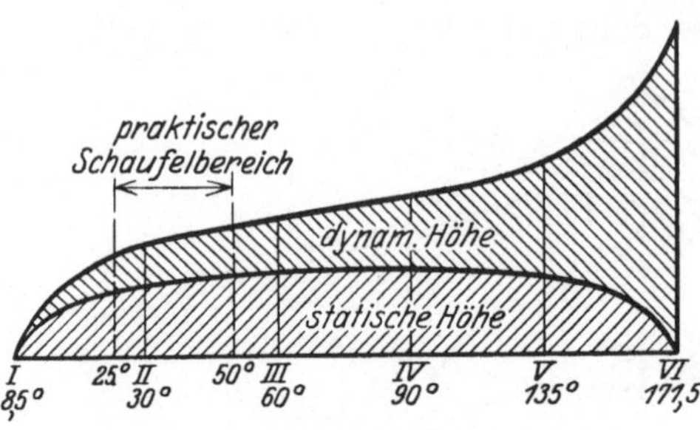

Abb. 71. Einfluß der Schaufelformen auf die Förderhöhe.

Der praktische Schaufelbereich liegt bei $\beta_2 = 25^0$ bis 50^0.

2. Berechnung der Kreiselpumpe.

a) Diagramme und Hauptabmessungen. 1. Eintritt: Man wählt gewöhnlich (Abb. 72): $\alpha_1 = 90^0$ und $c_1 = c_{m1} \geq c_s$. Die Saugrohrgeschwindigkeit wird $c_s = 2$ bis 4 m/s. Die Umfangsgeschwindigkeit u_1 berechnet man aus der verlangten Drehzahl $n \ldots$ U/min und dem Eintrittsdurchmesser $D_1 \ldots$ m (Abb. 73) zu:

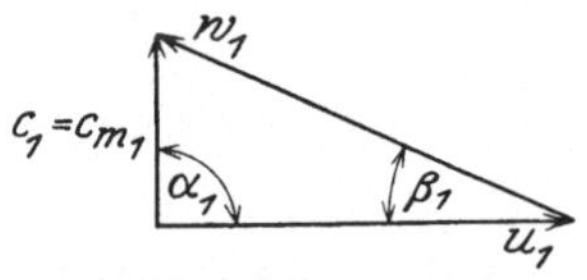

Abb. 72. Eintrittsdiagramm.

$$u_1 = \frac{D_1 \cdot \pi \cdot n}{60} \ldots \text{m/s}.$$

Der Eintrittsdurchmesser wird etwa: $D_1 = (1,0$ bis $1,05) \cdot D_s$; worin der Saugrohrdurchmesser $D_s \ldots$ m sich berechnet aus:

$$Q = f_s \cdot c_s; \qquad f_s = \frac{\pi \cdot D_s^2}{4}; \qquad D_s = \sqrt{\frac{4 \cdot Q}{\pi \cdot c_s}} \ldots \text{m}.$$

Bei Pumpen mit starken Wellen ist die Querschnittsversperrung durch die Wellenstärke $d \ldots$ m zu berücksichtigen. Dann ist:

$$D_s = \sqrt{\frac{4 \cdot Q}{\pi \cdot c_s} + d^2} \ldots \text{m}.$$

Mit u_1, c_1 und $\alpha_1 = 90^0$ liegt die Relativgeschwindigkeit w_1 und der Schaufelwinkel β_1 fest. Das Eintrittsdiagramm (Abb. 72) kann aufgezeichnet werden.

Die Eintrittsbreite b_1 ergibt sich aus:

$$Q = f_1 \cdot c_{m1}; \qquad f_1 = D_1 \cdot \pi \cdot b_1 \cdot k_1$$

($k_1 = 0,8$ bis $0,88$ Verengungsbeiwert am Schaufeleintritt)

$$b_1 = \frac{Q}{D_1 \cdot \pi \cdot c_{m1} \cdot k_1} \ldots \text{m}. \tag{32}$$

2. **Austritt:** In der Hauptgleichung $\dfrac{g \cdot H}{\eta_h} = u_2 \cdot c_{u_2}$ für $\alpha_1 = 90^0$ setzt man

$$u_2 = \frac{D_2 \cdot \pi \cdot n}{60} \ldots \text{m/s} \quad \text{mit} \quad D_2 = (1{,}6 \text{ bis } 2{,}8) \cdot D_1 \ldots \text{m}$$

und erhält:

$$c_{u_2} = \frac{g \cdot H}{\eta_h \cdot u_2} \ldots \text{m/s}.$$

Zur Vervollständigung des Austrittsdiagramms (Abb. 74) kann man 2 Wege einschlagen:

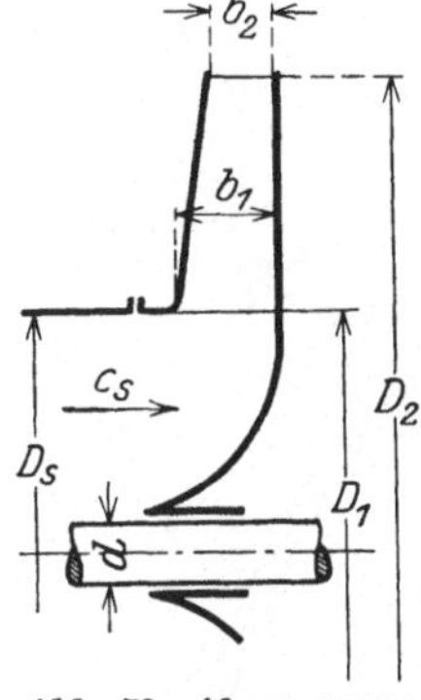

a) Man wählt: $\beta_2 = 25^0$ bis 50^0 und erhält durch Konstruktion c_2; w_2; c_{m_2} und α_2. Dann ist nachzuprüfen, ob $c_{m_2} = \sim c_{m_1}$ wird.

b) Man wählt $c_{m_2} = \sim c_{m_1}$ und erhält damit durch Konstruktion c_2; w_2; α_2 und β_2. Dann ist nachzuprüfen, ob $\beta_2 = 25^0$ bis 50^0 wird.

Abb. 73. Abmessungen des Laufrades.

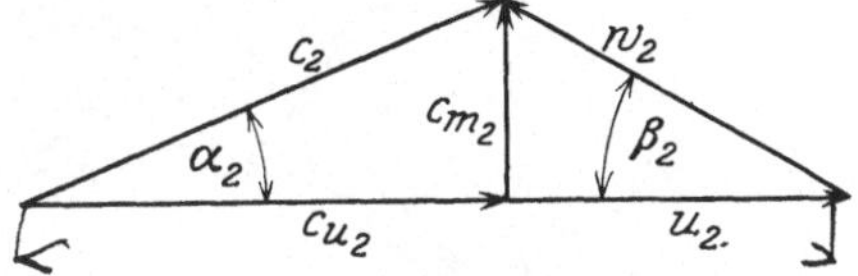

Abb. 74. Austrittsdiagramm.

Erhält man in beiden Fällen ungünstige Diagramme, so muß man u_2 (durch Änderung von D_2 oder n) und damit auch c_{u_2} ändern.

Die Austrittsbreite wird:

$$b_2 = \frac{Q}{D_2 \cdot \pi \cdot c_{m_2}} \ldots \text{m}. \tag{32a}$$

Da die Schaufel schlank ausgespitzt wird, tritt eine Verengung nicht auf.

b) Kraftbedarf. Gegeben sind meistens die wirklich zu fördernde Wassermenge $Q_e \ldots \text{m}^3/\text{s}$ und die geometrische Förderhöhe $H_g \ldots \text{m}$.

Der Liefergrad $\lambda = \dfrac{Q_e}{Q} = 0{,}9$ bis $0{,}98$ ist zu wählen und daraus Q zu ermitteln, für das das Laufrad zu berechnen ist.

In die Leistungsgleichung ist stets die manometrische Förderhöhe H_{man} einzusetzen. Es ist:

$$H_{\text{man}} = H_g + \sum h_w + \frac{c_d^2}{2g} = (1{,}05 \text{ bis } 1{,}15) \cdot H_g \ldots \text{m}.$$

$\sum h_w =$ Summe aller Druckhöhenverluste durch Reibung usw. $c_d = 2$ bis 4 m/s = Wassergeschwindigkeit im Druckrohr.

Die Leistungsgleichung lautet:

$$\left| N = \frac{Q_e \cdot \gamma \cdot H_{\text{man}}}{\lambda \cdot \eta \cdot 75} \right| \ldots \text{PS}. \tag{33}$$

Der Wirkungsgrad beträgt $\eta = 0{,}5$ bis $0{,}85$ je nach Größe und Güte der Ausführung.

Setzt man: $H_{man} = 1{,}05\,H_g$; $\eta = 0{,}75$; $\lambda = 0{,}95$, so erhält man aus $N = \dfrac{Q_e \cdot 1000 \cdot 1{,}05 \cdot H_g}{0{,}95 \cdot 0{,}75 \cdot 75}$ die einfache Gleichung:

$$\left| N = 20 \cdot Q_e \cdot H_g \right| \ldots \text{PS.} \qquad (33\text{a})$$

25. Konstruktion der Laufradschaufeln und Leitschaufeln.

a) Laufradschaufeln. Man wählt die Anzahl der Schaufeln $i_1 = 8$ bis 14 und erhält mit $t_1 = \dfrac{D_1 \cdot \pi}{i_1}$ die Teilung am Laufradeintritt. Die Eintrittspartie der Laufschaufel kann als Evolvente ausgebildet werden. Dazu zeichnet man sich an beliebiger Stelle *1* (Abb. 75) das Eintritts-

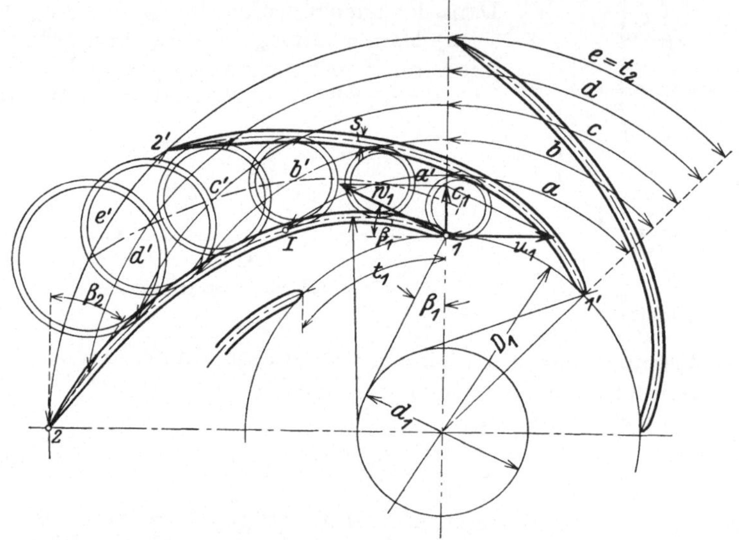

Abb. 75. Konstruktion der Laufradschaufeln.

diagramm auf, erhält mit $d_1 = D_1 \sin \beta_1$ den Grundkreis der Evolvente und konstruiert die Evolvente (zweckmäßig durch einen mittleren Kreisbogen ersetzt) von *1...I*. An beliebiger Stelle *2* trägt man sich β_2 auf und läßt die Schaufelkurve von *2* aus (tangential an den Schenkel von β_2) stetig in die Evolvente bei Punkt *I* überlaufen. Dann teilt man den radialen Abstand *I...2* in eine beliebige Anzahl gleicher Teile und schlägt mit den Teilpunkten Kreisbogen. Mit der gegebenen Teilung t_1 ermittelt man zeichnerisch ($a = a'$; $b = b'$; $c = c'$ usw.) eine zweite Schaufelkurve *1'...2'* und prüft durch eingezeichnete Kreise vorläufig nach, ob der Kanal sich möglichst stetig erweitert. Ist letzteres nicht der Fall, so ist Punkt *2* und Winkel β_2 so lange an anderer Stelle aufzutragen, bis eine stetige Kanalerweiterung erzielt ist.

Beiderseits der Schaufelkurven wird die Schaufelstärke ($s = 3$ bis 10 mm bei kleinen und mittleren Pumpen) aufgetragen. Am Eintritt wird die Schaufel abgerundet (profiliert) und am Austritt schlank ausgespitzt, um ihr eine strömungstechnisch möglichst günstige Form zu geben.

Dann wird die endgültige Nachprüfung der Kanalerweiterung durch einzuzeichnende Kreise vorgenommen.

b) Leitschaufeln (Abb. 76). Man wählt die Anzahl der Leitschaufeln $i_0 = i_1 \pm 1$ und erhält in $t_0 = \dfrac{D_0 \cdot \pi}{i_0}$ die Teilung. Im beliebigen Punkte 0 trägt man den Winkel d_2 (aus dem Austrittsdiagramm zu entnehmen) auf und erhält den Grundkreis der Evolvente mit $d_0 = D_0 \sin \alpha_0$. Die Evolvente ersetzt man durch einen mittleren Kreisbogen $o \ldots o'$ und er-

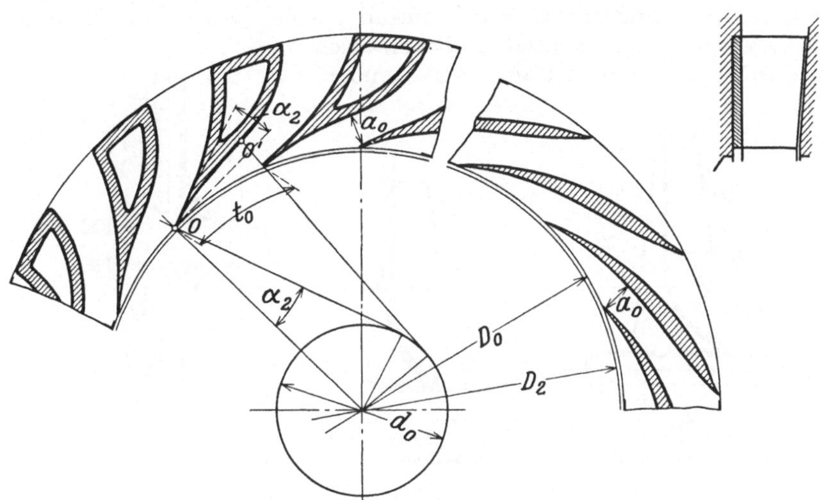

Abb. 76. Konstruktion der Leitradschaufeln.

hält damit die Weite a_0 der Leitschaufeln. Von o' aus kann man die Schaufelbegrenzung allmählich auf ungefähr radialen Austritt (Abb. 76 links) führen oder man beläßt dem strömenden Wasser noch eine gewisse Umfangskomponente (Abb. 76 rechts).

Zu starke Umlenkung auf radialen Austritt ist zwecklos, da das Wasser dann der Umlenkung nicht folgt.

26. Der Axialschub.

Durch den Spalt zwischen Laufrad und Leitapparat tritt Druckwasser in den Raum über dem Laufrad (Abb. 77) ein. Dieses Spaltwasser besitzt eine Druckhöhe

$$\mathfrak{h}_2 = \frac{u_2^2 - u_1^2}{2g} + \frac{w_1^2 - w_2^2}{2g} \ldots \mathrm{m},$$

während im Saugrohr eine Druckhöhe $\mathfrak{h}_1 \ldots \mathrm{m}$ herrscht. Da $\mathfrak{h}_2 > \mathfrak{h}_1$, tritt ein nach links gerichteter Axialschub auf, dessen Größe angenähert

$$P = (\mathfrak{h}_2 - \mathfrak{h}_1) \cdot \gamma \cdot \frac{\pi \cdot D_s^2}{2} \ldots \mathrm{kg}$$

ist. Durch die Umlenkung der Wassermenge $Q \ldots \mathrm{m^3/s}$ tritt ein nach rechts gerichteter Schub

$$P' = \frac{Q \cdot \gamma}{g} \cdot c_1 \ldots \mathrm{kg}$$

auf. Der verbleibende Axialschub beträgt

$$\left| A = P - P' = (\mathfrak{h}_2 - \mathfrak{h}_1) \cdot \gamma \cdot \frac{\pi \cdot D_s^2}{4} - \frac{Q \cdot \gamma}{g} \cdot c_1 \right| \ldots \mathrm{kg}. \tag{34}$$

Diese Gleichung ist sehr unsicher, da $\mathfrak{h}_2$ sich kaum genau vorausbestimmen läßt und es ferner auch sehr fraglich ist, ob sich in den Räumen links und rechts vom Laufrad gleiche Drücke $\mathfrak{h}_2$ einstellen. Die wirkliche Größe des Axialschubes läßt sich nur durch Versuch oder Erfahrung bestimmen.

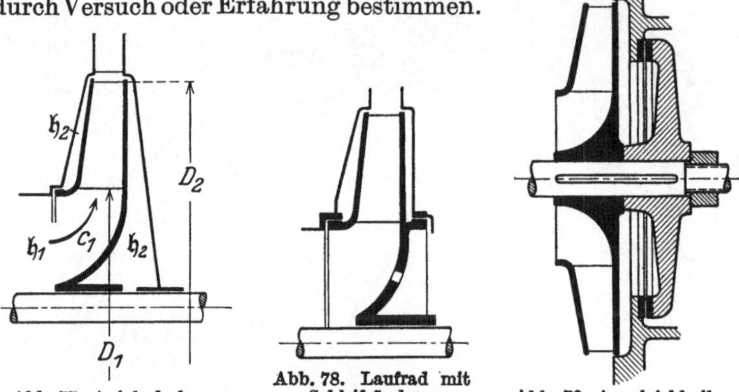

Abb. 77. Axialschub.

Abb. 78. Laufrad mit Schleifrändern.

Abb. 79. Ausgleichkolben.

Praktisch wird der Axialschub ausgeglichen
1. durch doppelseitigen Einlauf,
2. durch Schleifränder (Abb. 78),
3. durch Entlastungsscheiben,
4. durch Ausgleichkolben (Abb. 79),
5. durch Axiallager (Kugellager, Kammlager, Klotzlager).

Zur Aufnahme restlicher Axialschübe werden meist auch die Pumpen, die besondere Ausgleichsvorrichtungen besitzen, noch mit Axiallagern versehen.

Beispiel. Eine Kreiselpumpe zu berechnen für $Q_s = 7500\ \mathrm{l/min}$, $H_g = 35\ \mathrm{m}$; $n = 1450\ \mathrm{U/min}$ (Abb. 80).

Kraftbedarf: $\quad N = \dfrac{Q_s \cdot \gamma \cdot H_{\mathrm{man}}}{\lambda \cdot \eta \cdot 75} = \dfrac{7{,}5 \cdot 1000 \cdot 1{,}05 \cdot 35}{60 \cdot 0{,}95 \cdot 0{,}75 \cdot 75} = 85\ \mathrm{PS}.$

Gewählt: $\quad \lambda = 0{,}95; \quad \eta = 0{,}75; \quad H_{\mathrm{man}} = 1{,}05 \cdot H_g.$

Saugrohrdurchmesser: $c_s = 4\ \mathrm{m/s}$ gewählt; $\quad Q_s = \dfrac{7{,}5}{60} = 0{,}125\ \mathrm{m^3/s}.$

$$D_s = \sqrt{\frac{4 \cdot Q_s}{\pi \cdot c_s}} = \sqrt{\frac{4 \cdot 0{,}125}{\pi \cdot 4}} = \sim 0{,}2\ \mathrm{m},$$

$D_s = 210\ \mathrm{mm}$ gewählt.

Eintrittsdurchmesser: $D_1 = 230$ mm gewählt.

Eintrittsdiagramm:

$$u_1 = \frac{D_1 \cdot \pi \cdot n}{60} = \frac{0{,}23 \cdot \pi \cdot 1450}{60} = 17{,}5 \text{ m/s},$$

$$c_1 = c_{m_1} = 7 \text{ m/s gewählt}; \qquad \alpha_1 = 90^0;$$

$$\operatorname{tg} \beta_1 = \frac{c_{m_1}}{u_1} = \frac{7}{17{,}5} = 0{,}4; \qquad \beta_1 = 22^0.$$

Eintrittsbreite:

$$b_1 = \frac{Q}{D_1 \cdot \pi \cdot c_{m_1} \cdot k_1}; \qquad k_1 = 0{,}85 \text{ gewählt.}$$

$$= \frac{0{,}125}{0{,}95 \cdot 0{,}23 \cdot \pi \cdot 7 \cdot 0{,}85} = \sim 0{,}03 \text{ m} = 30 \text{ mm.}$$

Austrittsdurchmesser: $D_2 = 1{,}6 \cdot D_1 = 1{,}6 \cdot 230 = \sim 370$ mm.

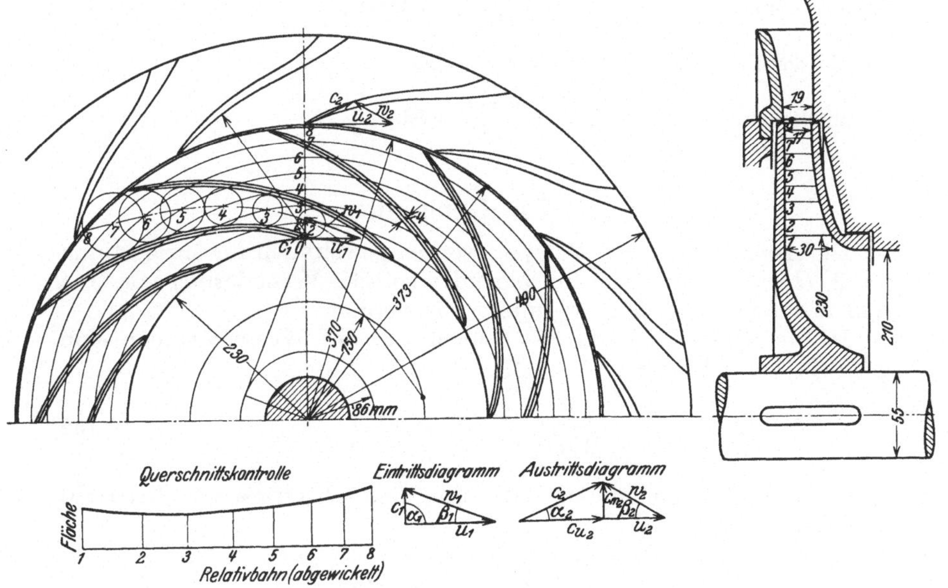

Abb. 80. Kreiselpumpe.

Austrittsdiagramm:

$$u_2 = \frac{D_2 \cdot \pi \cdot n}{60} = \frac{0{,}37 \cdot \pi \cdot 1450}{60} = \sim 28 \text{ m/s},$$

$$c_{u_2} = \frac{g \cdot H_{\text{man}}}{\eta_h \cdot u_2}; \qquad \eta_h = 0{,}8 \text{ gewählt.}$$

$$c_{u_2} = \frac{9{,}81 \cdot 1{,}05 \cdot 35}{0{,}8 \cdot 28} = 16{,}1 \text{ m/s},$$

$$c_{m_2} = c_{m_1} = 7 \text{ m/s gewählt.}$$

$$\operatorname{tg} \beta_2 = \frac{c_{m_2}}{u_2 - c_{u_2}} = \frac{7}{28 - 16{,}1} = 0{,}59; \qquad \beta_2 = 30{,}5^0.$$

Austrittsbreite: $\quad b_2 = \dfrac{Q}{D_2 \cdot \pi \cdot c_{m_2}} = \dfrac{0{,}125}{0{,}95 \cdot 0{,}37 \cdot \pi \cdot 7} = 0{,}0162 \text{ m} = \sim 17 \text{ mm.}$

Wellenstärke: $\quad d = 13 \sqrt[3]{\dfrac{N}{n}} = 13 \sqrt[3]{\dfrac{85}{1450}} = 5{,}05\,\text{cm} = \sim 55\,\text{mm}.$

Schaufelstärke: $\quad s = 4\,\text{mm}$ gewählt.

Evolventengrundkreisdurchmesser für Laufradschaufel:

$$d_1 = D_1 \cdot \sin \beta_1 = D_1 \cdot \sin 22^0 = 230 \cdot 0{,}375 = 86\,\text{mm}.$$

Evolventengrundkreisdurchmesser für Leitschaufel:

$$d_0 = D_0 \cdot \sin \alpha_0 = 373 \cdot 0{,}398 = \sim 150\,\text{mm},$$

$$\sin \alpha_0 = \sin \alpha_2 = \frac{c_{m2}}{c_2} = \frac{7}{17{,}6} = 0{,}398.$$

Anzahl der Laufradschaufeln: $\quad i_1 = 12 \quad$ gewählt

Schaufelteilung: $\quad t_1 = \dfrac{D_1 \cdot \pi}{i_1} = \dfrac{230 \cdot \pi}{12} = 60\,\text{mm},$

Anzahl der Leitschaufeln: $\quad i_0 = 14 \quad$ gewählt,

Schaufelteilung: $\quad t_0 = \dfrac{D_0 \cdot \pi}{i_0} = \dfrac{373 \cdot \pi}{14} = 83{,}7\,\text{mm}.$

27. Die Kennlinien.

Die Abmessungen der Pumpen werden gewöhnlich für ein bestimmtes Q, H und n ermittelt. Im folgenden soll die Veränderung von Q, H und N für veränderliches n untersucht werden.

Da die Kreiselpumpen die Umkehrung der Wasserturbinen sind, gilt wie dort (Kap. 8):

$$\frac{n'}{n} = \frac{\sqrt{H'}}{\sqrt{H}}; \qquad \left| H' = H \cdot \left(\frac{n'}{n}\right)^2 \right|, \tag{35}$$

d. h. die Förderhöhe ändert sich mit dem Quadrate der Drehzahländerung.

$$\frac{Q'}{Q} = \frac{\sqrt{H'}}{\sqrt{H}} = \frac{n'}{n}; \qquad \left| Q' = Q \cdot \frac{n'}{n} \right|, \tag{36}$$

d. h. die Wassermenge ändert sich proportional der Drehzahländerung.

$$\frac{N'}{N} = \frac{Q' \cdot H'}{Q \cdot H} = \frac{n'}{n} \cdot \frac{n'^2}{n^2} = \left(\frac{n'}{n}\right)^3; \qquad \left| N' = N \cdot \left(\frac{n'}{n}\right)^3 \right|, \tag{37}$$

d. h. der Kraftbedarf ändert sich mit der 3. Potenz der Drehzahländerung.

Die vorstehenden Gleichungen gelten unter der Voraussetzung gleichbleibenden Wirkungsgrades bei veränderlicher Drehzahl. Das trifft praktisch aber nur innerhalb enger Grenzen der Drehzahländerung zu, da die Reibungsverluste ungefähr mit dem Quadrate der Geschwindigkeiten steigen und fallen, und die Stoß- und Wirbelverluste sich sehr stark bemerkbar machen.

Die Werte Q, H, η und N für veränderliches (oder gleichbleibendes) n werden praktisch auf dem Prüfstande durch Drosselung ermittelt und als Charakteristik oder **Kennlinien** im Q—H-Diagramm (Abbildung 81) aufgetragen.

Aus den Kennlinien erkennt man:

1. Bei Erreichung der Betriebsdrehzahl n springt die Pumpe nach Öffnung des Regelschiebers sofort gegen eine bestimmte Förderhöhe H an. Der Anspringpunkt A (Abb. 81) muß höher liegen als der Betriebspunkt B, da die Pumpe sonst nicht zu fördern beginnt.

2. Bei steigender Fördermenge Q wird die Förderhöhe H zunächst größer, erreicht einen Höchstwert und fällt dann ab.

3. Der günstigste Betriebszustand B ergibt sich aus einem senkrechten Schnitt durch den höchsten Wirkungsgrad. Die zugehörigen Werte für Q, H und N lassen sich aus dem Diagramm ablesen.

4. Die Q—H-Linien bei veränderlicher Drehzahl n verlaufen affin, d. h. verwandt, ähnlich.

Bei der Aufnahme der Kennlinien wird gemessen:

1. Die Drehzahl n durch Tourenzähler.

2. Die Förderhöhe H in m, und zwar die Saughöhe H_s durch Quecksilbermanometer und die Druckhöhe H_d durch geeichte Federmanometer.

$$H = H_s + H_d.$$

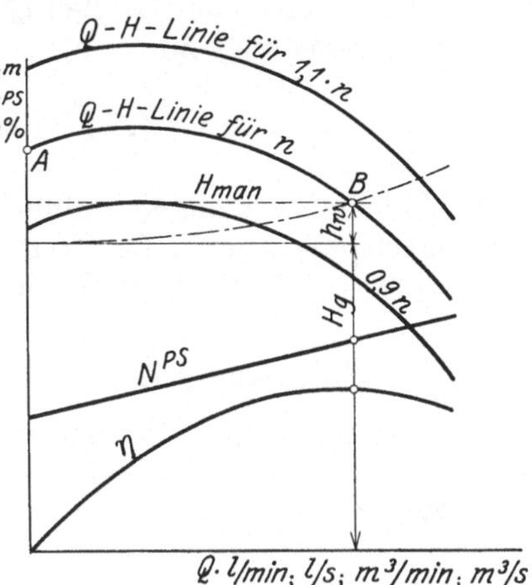

Abb. 81. Allgemeine Kennlinien einer Kreiselpumpe.

Abb. 82. Kennlinien („Wirkungsgradfeld") einer Turbokesselspeisepumpe (Gebr. Sulzer, Ludwigshafen a. Rh.).

3. Die Wassermenge Q in l/min, l/s, m³/min oder m³/s durch Meßdüsen, Meßbehälter oder Überfälle.

4. Die Antriebsleistung N in PS oder kW durch Messung von

Spannung und Stromstärke unter Berücksichtigung der bekannten Wirkungsgradkurve des Elektromotors.

Aus den gemessenen Größen Q, H und N wird der Wirkungsgrad der Pumpe berechnet zu

$$\eta = \frac{Q \cdot \gamma \cdot H}{75 \cdot N} \quad \text{mit} \quad Q \ldots \text{m}^3/\text{s}.$$

Die Abb. 82 zeigt die Kennlinien („Wirkungsgradfeld") einer Sulzer-Turbokesselspeisepumpe. Das Verhalten der Pumpe bei veränderlicher Drehzahl $n = 2500$ bis 3900 U/min ist sehr deutlich zu erkennen.

28. Ausführungen von Kreiselpumpen.

Niederdruckpumpen werden allgemein als einstufige Pumpen ausgeführt. Abb. 83 zeigt eine einstufige Pumpe mit Spiralgehäuse und einseitigem Einlauf. Der Ausgleich des Axialschubes erfolgt durch

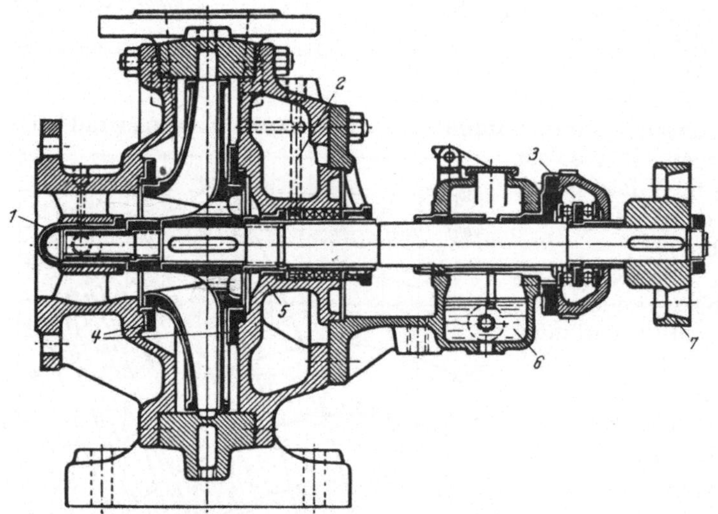

Abb. 83. Einstufige Kreiselpumpe mit Spiralgehäuse (Weise Söhne, Halle).

1 = Vorderes Traglager.
2 = Druckwasserkanal für Stopfbüchse.
3 = Längskugellager.
4 = Schleifringe.
5 = Stopfbüchsengehäuse.
6 = Hinteres Traglager.
7 = Pumpenkupplungshälfte.

Schleifränder und Längskugellager. Die Stopfbüchse ist durch Druckwasser entlastet. Für größere Wassermengen wird ein Laufrad mit beiderseitigem Einlauf verwendet. Antrieb durch Elektromotoren oder Transmission.

Mittel- und Hochdruckpumpen werden mehrstufig ausgeführt. Abb. 84 zeigt eine mehrstufige Pumpe in Gehäusebauart. Entlastung der Stopfbüchsen durch Druckwasser. Um eine Abnützung der Welle zu verhüten, ist sie an den Stopfbüchsen mit einem Futter versehen. Der Ausgleich des Axialschubes erfolgt durch Schleifränder und Ausgleichkolben. Die einzelnen Pumpenstufen sind in einem gemeinsamen

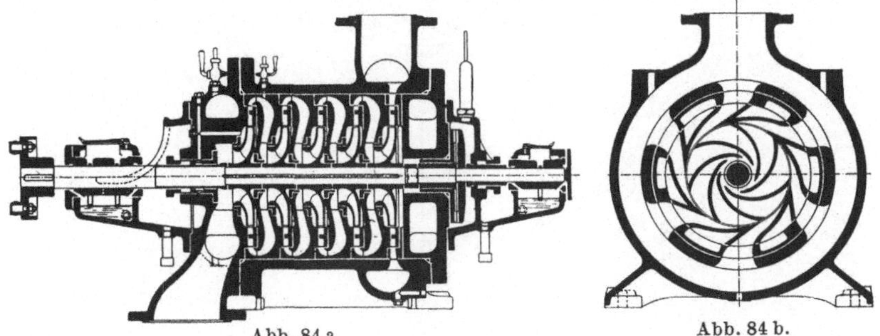

Abb. 84 a.   Abb. 84 b.

Abb. 84 a u. b. 5-stufige Hochdruckkreiselpumpe (Gebr. Sulzer, Ludwigshafen a. Rh.).

Gehäuse untergebracht. Für große Wassermengen nimmt man auch bei höheren Drücken mehrstufige Pumpen mit beiderseitigem Einlauf, wie Abb. 85 zeigt.

Die Kreiselpumpen zeigen gewöhnlich die Laufradform eines Langsamläufers (vgl. Francisturbinen!). Laufräder solcher Form erhalten

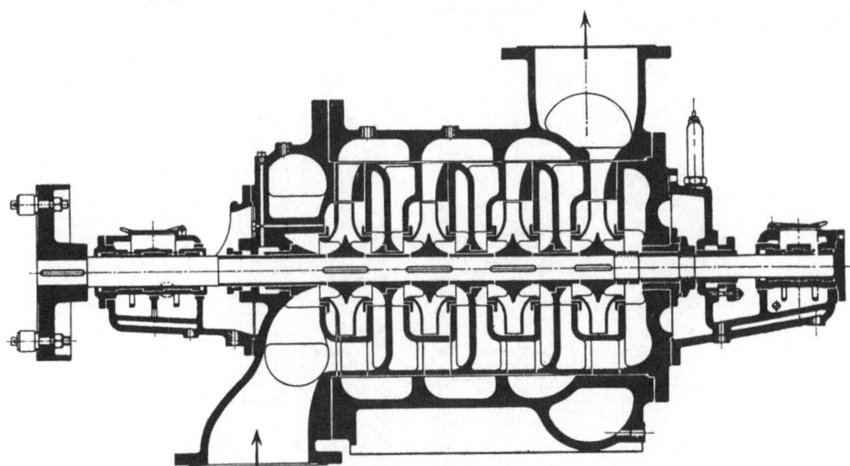

Abb. 85. 4-stufige Hochdruckkreiselpumpe mit beiderseitigem Einlauf (Gebr. Sulzer, Ludwigshafen a. Rh.

bei großen Wassermengen und kleinen Förderhöhen (1 bis 6 m) sehr geringe Drehzahlen und relativ große Abmessungen. Das Streben nach kleineren Abmessungen und Antrieb durch schnellaufende Motoren machte ein Bedürfnis nach schnellaufenden Pumpen geltend. Die Kreiselpumpe ist darin den gleichen Weg gegangen wie die Francisturbine. Die Austrittkante wurde gegen die Saugöffnung herabgezogen,

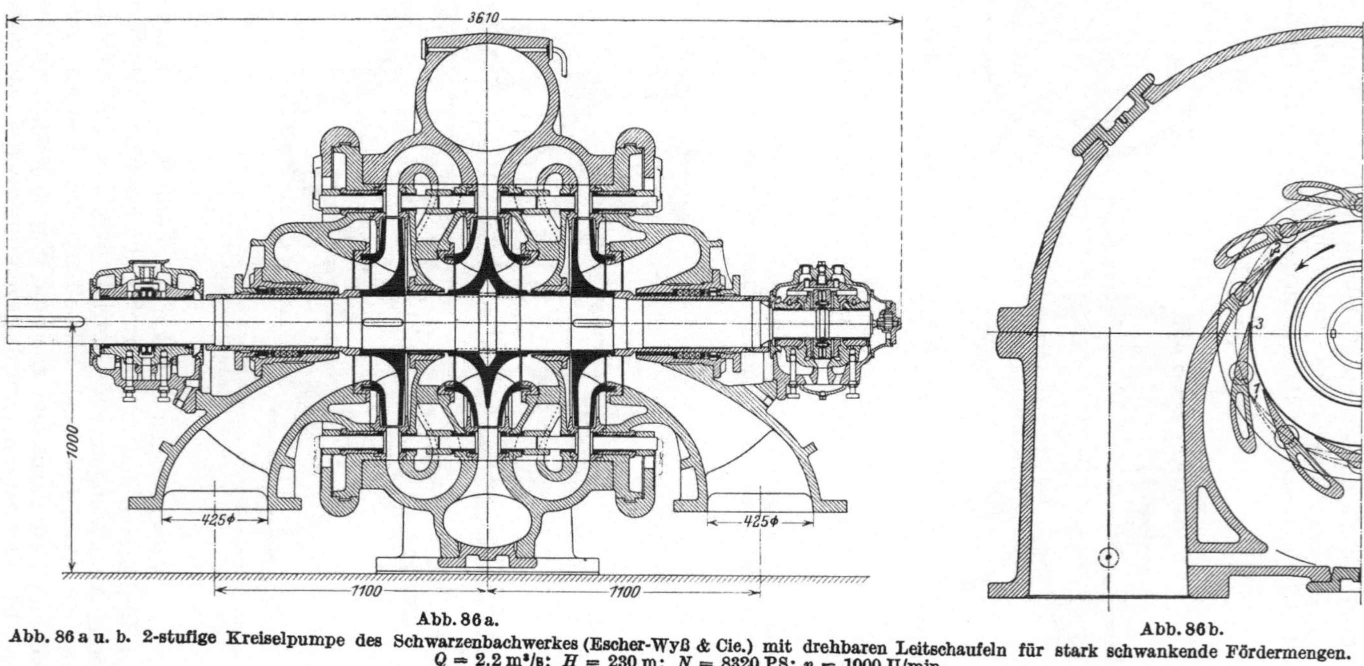

Abb. 86 a.

Abb. 86 b.

Abb. 86 a u. b. 2-stufige Kreiselpumpe des Schwarzenbachwerkes (Escher-Wyß & Cie.) mit drehbaren Leitschaufeln für stark schwankende Fördermengen.
$Q = 2{,}2\ \mathrm{m^3/s}$; $H = 230\ \mathrm{m}$; $N = 8320\ \mathrm{PS}$; $n = 1000\ \mathrm{U/min}$.

die Laufradbreite vergrößert und schließlich die Austrittskante radial zur Welle gestellt, so daß das Laufrad axial durchflossen ist. Man erhält damit die in Abb. 87 dargestellte Form des Schraubenschauflers, der als Umkehrung der Propellerturbine anzusprechen ist. Werden noch die Laufschaufeln drehbar angeordnet, so erhält man die Umkehrung der Kaplanturbine.

Der Schraubenschaufler ist mit Eintritts- und Austrittsleitrad von weiter Teilung ausgerüstet und eignet sich für Förderhöhen $H \leqq 8\,\mathrm{m}$. Den allgemeinen Aufbau der Pumpe und die Anordnung einer ganzen Anlage zeigt Abb. 88. Der Wirkungsgrad des Schauflers beträgt $\eta = \sim 0{,}7$ bei mittleren Ausführungen.

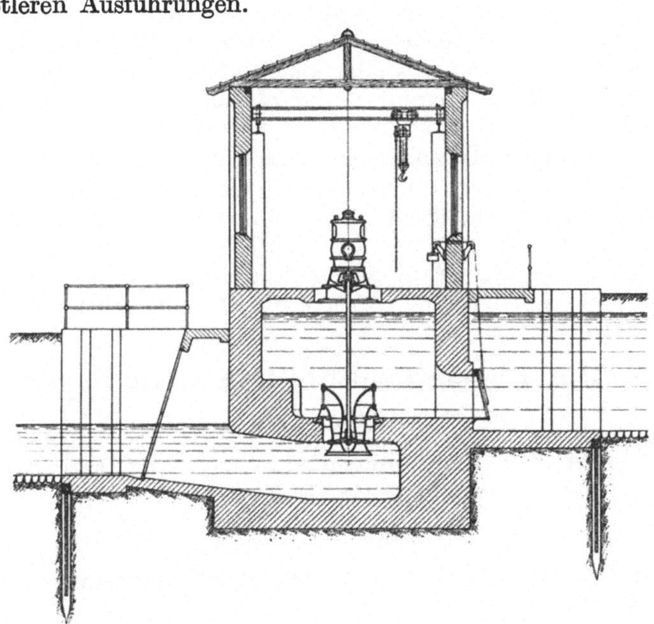

Abb. 88. Anordnung eines MAN-Schraubenschauflers.

Literaturnachweis.

Bethmann, H.: Kolbenpumpen und Zentrifugalpumpen, deren Berechnung und Konstruktion, 3. Aufl. 1923. Mit 316 Abb.

Neumann, Fr.: Die Zentrifugalpumpen mit besonderer Berücksichtigung der Schaufelschnitte, 2. Aufl. 1922. Mit 221 Abb. und 7 Tafeln.

Pfleiderer, C.: Die Kreiselpumpen. 1924. Mit 335 Abb.

Quantz, L.: Kreiselpumpen, 2. Aufl. 1925. Mit 132 Abb.

Vidmar, M.: Theorie der Kreiselpumpe. 1922. Mit 39 Abb.

IV. Die Kreiselgebläse und Kreiselverdichter.

Die Kreiselgebläse und Kreiselverdichter dienen zum Fördern bzw. Verdichten dampf- oder gasförmiger Flüssigkeiten. Die Laufräder haben grundsätzlich den gleichen Aufbau und die gleiche Wirkungsweise wie die Laufräder der Kreiselpumpen, nur sind die Geschwindigkeiten infolge des viel kleineren spezifischen Gewichtes der zu fördernden Flüssigkeiten (Dampf, Luft, Gase usw.) im allgemeinen wesentlich größer. Der Berechnungsvorgang wird dadurch verwickelter, daß die zu fördernde Flüssigkeit während der Verdichtung ihr Volumen verkleinert, während bei den Kreiselpumpen mit einem bis zu den höchsten Drucken praktisch gleichbleibendem Volumen gerechnet werden kann.

Dienen die Kreiselräder in erster Linie zur Bewegung der Flüssigkeit oder gleichzeitig zur Erzeugung nur geringer Überdrücke (bzw. Unterdrücke) bis zu 1000 mm Wassersäule (W.S.), so nennt man sie **Lüfter** (Ventilatoren, Exhaustoren). Dabei kann die Volumenänderung und Temperatursteigerung der Flüssigkeit praktisch vernachlässigt werden. Lüfter werden stets einstufig ausgeführt.

Überdrücke bzw. Unterdrücke von 1000 mm W.S. (0,1 ata) bis zu etwa 3 ata werden durch ein- oder mehrstufige **Gebläse** erzeugt. Bei Lüftern und Gebläsen kommt es hauptsächlich auf Förderung von Flüssigkeitsmengen an.

Zur Erzeugung von Drücken über 3 ata werden **Kreiselverdichter** oder **Turbokompressoren** verwendet, die stets mehrstufig (bis zu 20 Stufen bei hohen Enddrucken) ausgeführt werden. Bei den Kreiselverdichtern kommt es in erster Linie auf Verdichtung der Flüssigkeit an. Die Volumenverkleinerung und Temperatursteigerung muß bei der Berechnung von Gebläsen und Kreiselverdichtern berücksichtigt werden.

A. Die wärmetheoretischen Grundlagen.
29. Die Wärmediagramme.

Man bezieht alle Berechnungen auf 1 kg Gas. Dafür lautet die allgemeine Zustandsgleichung der Gase:

$$p \cdot v = R \cdot T$$

(p in kg/m²; v in m³/kg; T in ⁰ abs; $R =$ Gaskonstante) und die Wärmegleichung:

$$Q = c_v(T_2 - T_1) + A \cdot L \dots \text{kcal/kg}$$

($c_v =$ spezifische Wärme bei gleichbleibendem Volumen, $A = \dfrac{1}{427}$ = mechanisches Wärmeäquivalent).

Die bei den Zustandsänderungen aufzuwendende Arbeit $L \dots$ mkg/kg wird im Druck-Volumen- ($p-v$-) Diagramm durch die Fläche zwischen der Kurve der Zustandsänderung und der Abszissenachse dargestellt. In ähnlicher Weise lassen sich auch die Wärmemengen darstellen, wenn man sie als Produkt der absoluten Temperaturen mit der Entropie auffaßt. Die Temperatur ist ein Maß für die „Spannkraft“ oder „Intensität“ der Wärme; die Entropieänderung zeigt die Verwandlungsfähigkeit von Wärme in Arbeit (Entropie = Verwandlungsinhalt) an, gestattet also die Entscheidung, ob eine Wärmemenge hoch- oder geringwertig ist. Vergleichsweise könnte man die Temperatur als Gefällshöhe und die Entropieänderung oder Entropie schlechthin als Wasserinhalt eines Staubeckens ansprechen.

a) Das T—S-Diagramm (nach Ostertag). Die Wärmemenge läßt sich in einem Diagramm darstellen, in welchem die Temperatur als Ordinate und die Entropie als Abszisse aufgetragen ist, dem T—S-Diagramm (Abb. 89). Berechnet man für die Zustandsänderungen $p = $ const, $v = $ const, und $T = $ const die Entropiewerte für alle möglichen Zustände p, v, T und verbindet die zusammengehörigen Punkte z. B. für eine große Anzahl von Werten $p = $ const, so erhält man eine Kurvenschar, die sog. p-Linien. Ebenso erhält man durch Verbindung aller Punkte von Werten $v = $ const die v-Linien. Setzt man voraus, daß c_p und c_v konstant bleiben, so kann man die Linien $T = $ const als horizontale Geraden einzeichnen.

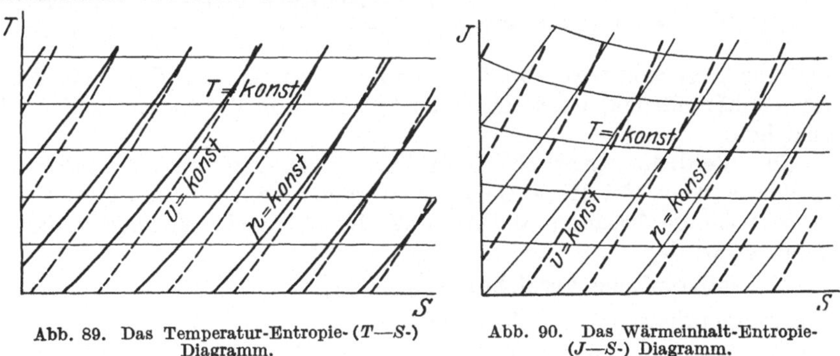

<table>
<tr><td>Abb. 89. Das Temperatur-Entropie- (T—S-)
Diagramm.</td><td>Abb. 90. Das Wärmeinhalt-Entropie-
(J—S-) Diagramm.</td></tr>
</table>

b) Das J—S-Diagramm (nach Ostertag, Abb. 90). Die Annahme, daß c_p und c_v konstant bleiben, trifft bei höheren Drucken und Temperaturen nicht mehr zu. Man wählt darum im J—S-Diagramm den Wärmeinhalt $i = c_p \cdot t \ldots$ kcal/kg als Ordinate. Die T-Linien sind dann von rechts nach links ansteigende Kurven, da c_p mit steigendem Druck und steigender Temperatur größer wird.

Die Zustandsänderungen stellen sich in den Wärmediagrammen folgendermaßen dar:

1. Die Zustandsänderung bei gleichbleibendem Druck verläuft entlang einer p-Linie.

2. Die Zustandsänderung bei gleichbleibendem Volumen verläuft entlang einer v-Linie.

3. Die Zustandsänderung bei gleichbleibender Temperatur (Isotherme) verläuft entlang einer T-Linie.

4. Die Adiabate ist eine senkrechte Gerade, da die Entropie $S = $ const bleibt.

5. Die Polytrope verläuft schräg durch alle Kurven, und zwar rechts die Adiabate, wenn ihr Exponent $n > k$, und links der Adiabate, wenn $n < k$ ist.

30. Arbeitsdiagramme.

a) Das allgemeine Arbeitsdiagramm. Bei der Betrachtung des Arbeitsvorganges läßt man alle schädlichen Nebeneinflüsse außer Betracht. Man nimmt also an, die Maschine habe keine Drossel-, Wirbel-, Spalt- und Reibungsverluste, keine Verluste beim Umsetzen der Energie usw. Das allgemeine theoretische Arbeitsdiagramm (Abb. 91) setzt sich dann zusammen aus

1. Ansaugearbeit *1...2*, 2. Verdichtungsarbeit *2...3*, 3. Ausstoßarbeit *3...4*.

Die aufzuwendende Gesamtarbeit ist:

Gesamtarbeit = Verdichtungsarbeit + Ausstoßarbeit − Ansaugearbeit

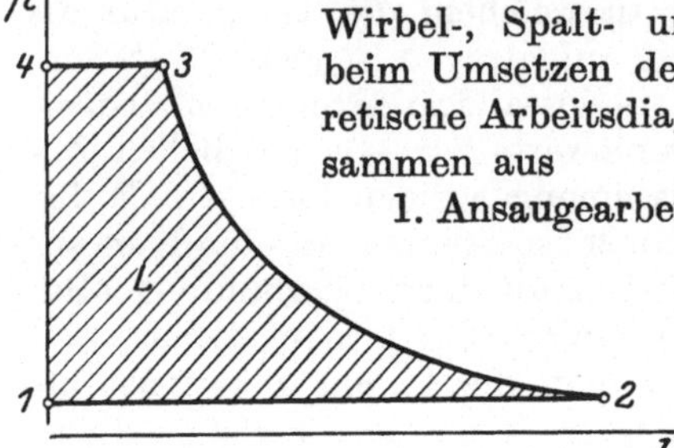

Abb. 91. Das allgemeine Arbeitsdiagramm.

$$L_{ges} = L_{2...3} + L_{3...4} - L_{1...2}.$$

Die Ansaugearbeit wird vom äußeren Druck (bei Luft z. B. vom äußeren Atmosphärendruck) geleistet und ist daher von der Gesamtarbeit abzuziehen.

Die Verdichtungsarbeit kann theoretisch nach einer Isotherme, Adiabate oder Polytrope geleistet werden, während in allen Fällen theoretisch die Ansauge- und Ausstoßarbeit bei gleichbleibendem Druck geleistet wird.

b) Isothermische Verdichtung (Abb. 92).

Ansaugearbeit: $\qquad L_{1...2} = p_2 \cdot v_2$,

Verdichtungsarbeit: $\qquad L_{2...3} = p_2 \cdot v_2 \cdot \ln \dfrac{p_3}{p_2}$,

Ausstoßarbeit: $\qquad L_{3...4} = p_3 \cdot v_3$

Gesamtarbeit: $\qquad L = p_2 \cdot v_2 \cdot \ln \dfrac{p_3}{p_2} + p_3 \cdot v_3 - p_2 \cdot v_2.$

Da $p_2 \cdot v_2 = p_3 \cdot v_3$ ist, wird:

$$\left| L = p_2 \cdot v_2 \cdot \ln \frac{p_3}{p_2} \right| \dots \text{mkg/kg}.$$

Der Wärmewert dieser Arbeit ist:

$$\left| Q = A \cdot L_{1s} = T \cdot \Delta S \right| \dots \text{kcal/kg}. \tag{38}$$

Die Entropiedifferenz ist: $\Delta S = S_2 - S_3$.

ΔS und T lassen sich aus dem T—S- oder J—S-Diagramm für den gegebenen Anfangs- und Endzustand ohne weiteres ablesen.

Werden stündlich $G \dots$ kg der Flüssigkeit verdichtet, so ist der theoretische Kraftbedarf:

$$\left| N = \frac{(A \cdot L_{1s}) \cdot \frac{1}{A} \cdot G}{60 \cdot 60 \cdot 75} \right| \dots \text{PS}. \tag{39}$$

Die isothermische Verdichtung ist praktisch nicht durchführbar, da sie eine restlose Kühlung der Flüssigkeit während der Verdichtung selbst voraussetzt; sie dient nur als Vergleichsmaßstab für den wirklichen Arbeitsvorgang.

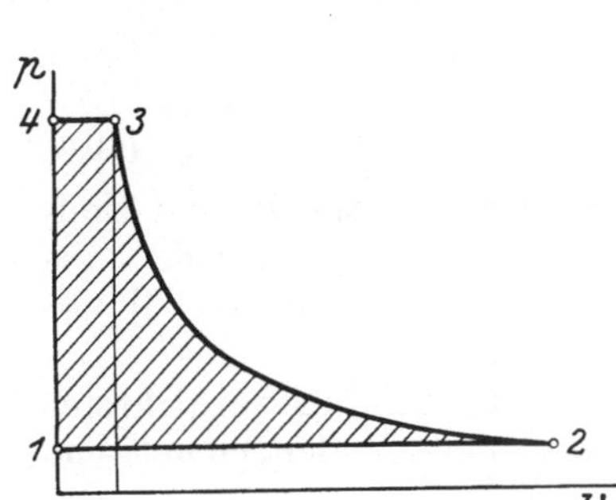

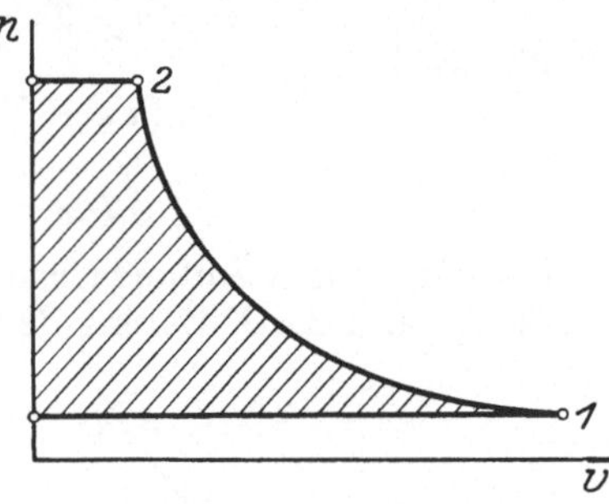

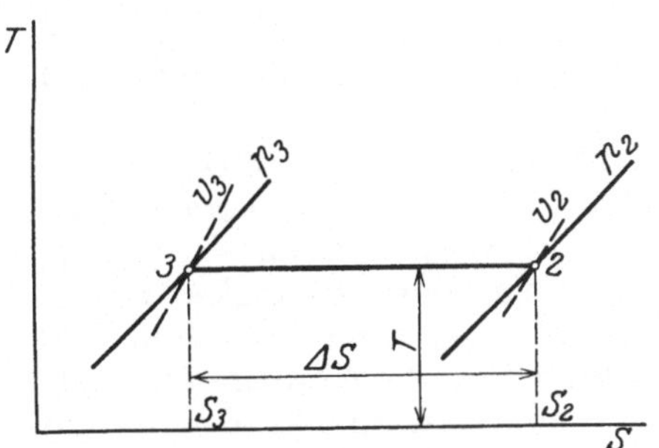

Abb. 92. Arbeitsdiagramm bei isothermischer Verdichtung.

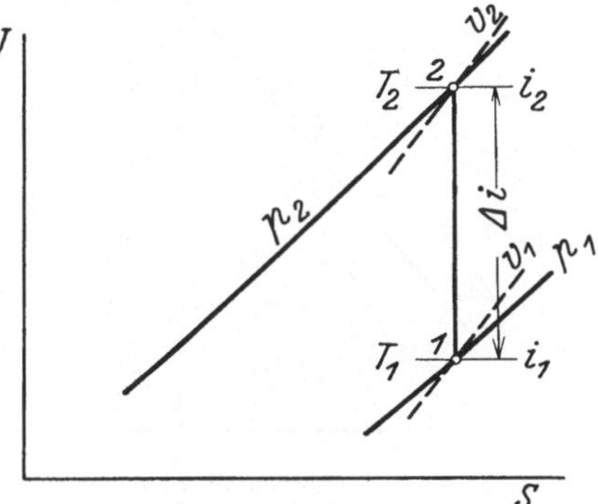

Abb. 93. Arbeitsdiagramm bei adiabatischer Verdichtung.

c) Adiabatische Verdichtung (Abb. 93).

Ansaugearbeit: $\qquad L = p_1 \cdot v_1$,

Verdichtungsarbeit: $\qquad L_{1\ldots2} = \dfrac{c_v}{A}(T_2 - T_1)$,

Ausstoßarbeit: $\qquad L = p_2 \cdot v_2$

$$L = \frac{c_v}{A}(T_2 - T_1) + p_2 \cdot v_2 - p_1 \cdot v_1,$$

Gesamtarbeit:

$$p_1 \cdot v_1 = R \cdot T_1; \qquad p_2 \cdot v_2 = R \cdot T_2,$$

$$L = \frac{c_v}{A}(T_2 - T_1) + R(T_2 - T_1) = \left(\frac{c_v}{A} + R\right)(T_2 - T_1),$$

$$L = (c_v + A \cdot R) \cdot \frac{1}{A}(T_2 - T_1); \qquad c_v + A \cdot R = c_p,$$

$$\left| L_{ad} = \frac{c_p}{A}(T_2 - T_1) \ldots \mathrm{mkg/kg} \right|$$

oder der Wärmewert der adiabatischen Arbeit:

$$\left| A \cdot L_{ad} = c_p(T_2 - T_1) \right| \ldots \mathrm{kcal/kg}. \qquad\qquad (40)$$

Nun ist der Wärmeinhalt:
$$i = c_p \cdot T;$$

also:
$$i_1 = c_p \cdot T_1 \quad \text{und} \quad i_2 = c_p \cdot T_2.$$

Damit wird:
$$c_p(T_2 - T_1) = i_2 - i_1 = \Delta i$$

und
$$\left| A\,L_{\text{ad}} = \Delta i \right| \dots \text{kcal/kg}. \tag{40a}$$

Bei gegebenem Anfangsdruck p_1, Anfangstemperatur T_1 und Enddruck p_2 kann die Differenz der Wärmeinhalte $\Delta i = i_2 - i_1$ sofort aus dem J—S-Diagramm (Abb. 93) abgelesen werden.

Bei G ... kg stündlich verdichteter Flüssigkeitsmenge ist der theoretische Arbeitsbedarf:

$$\left| N = \frac{(A \cdot L_{\text{ad}}) \cdot \dfrac{1}{A} \cdot G}{60 \cdot 60 \cdot 75} \right| \dots \text{PS}. \tag{41}$$

d) Polytropische Verdichtung (Abbildung 94). Im J—S-Diagramm kann man die polytropische Verdichtung mit genügender Genauigkeit als Gerade $1 \ldots 2_{\text{pol}}$ darstellen. Den Endzustand 2_{pol} der Verdichtung findet man als Schnittpunkt der p_2-Linie und v_2-Linie folgendermaßen:

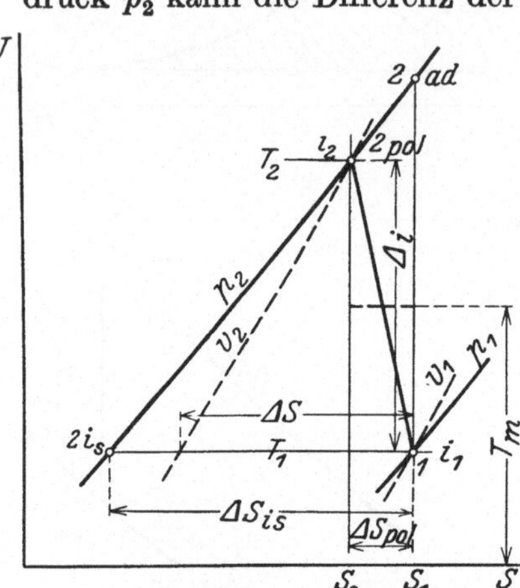

Abb. 94. J—S-Diagramm bei polytropischer Verdichtung ($n < k$).

Für die isothermische Verdichtung $1 \ldots 2_{\text{is}}$ gilt

$$T \cdot \Delta S_{\text{is}} = A \cdot R \cdot T \cdot \ln \frac{v_{2\,\text{is}}}{v_1},$$

$$p_1 \cdot v_1 = p_2 \cdot v_{2\,\text{is}}; \qquad v_{2\,\text{is}} = v_1 \frac{p_1}{p_2},$$

$$T \cdot \Delta S_{\text{is}} = A \cdot R \cdot T \cdot \ln \left(\frac{v_1 \dfrac{p_1}{p_2}}{v_1} \right) = A \cdot R \cdot T \cdot \ln \frac{p_1}{p_2},$$

$$\Delta S_{\text{is}} = A \cdot R \cdot \ln \frac{p_1}{p_2}.$$

Für das Endvolumen v_2 der Polytrope gilt:

$$p_1 \cdot v_1^n = p_2 \cdot v_2^n; \qquad v_2 = v_1 \left(\frac{p_1}{p_2} \right)^{\frac{1}{n}},$$

$$\Delta S = A \cdot R \cdot \ln \left(\frac{p_1}{p_2} \right)^{\frac{1}{n}} = A \cdot R \cdot \frac{1}{n} \ln \left(\frac{p_1}{p_2} \right)$$

oder
$$n \cdot \Delta S = A \cdot R \cdot \ln \frac{p_1}{p_2}.$$

Nun ist aber:

$$A \cdot R \cdot \ln \frac{p_1}{p_2} = \Delta S_{1s}\,.$$

Also wird:

$$n \cdot \Delta S = \Delta S_{1s} \quad \text{oder} \quad \left| \Delta S = \frac{\Delta S_{1s}}{n} \right|, \tag{42}$$

Bei gegebenem Anfangszustand $(p_1;\, v_1;\, T_1)$ ist ΔS_{1s} durch den End-druck p_2 gegeben. Durch die Wahl von n erhält man ΔS, trägt es von 1 aus nach links ab und erhält damit $v_{2\,\mathrm{pol}}$. Im Schnittpunkt von $v_{2\,\mathrm{pol}}$ und p_2 liegt dann der gesuchte Endzustand 2_{pol}.

Um den Wärmewert der Arbeit zu finden, zerlegt man sich diese in Verdichtungsarbeit und Ausstoßarbeit. Der Wärmewert der Ver-dichtungsarbeit ist nach Abb. 94:

$$A \cdot L_1 = \Delta S \cdot T_m\,; \qquad T_m = \frac{T_1 + T_2}{2}\,.$$

Um die Ausstoßarbeit berechnen zu können, nimmt man an, daß das Gas sich in einem Zwischenbehälter bei gleichbleibendem Druck auf die Anfangstemperatur T_1 abkühlt. Der Wärmewert der Ausstoßarbeit ist dann:

$$A \cdot L_2 = c_p (T_2 - T_1)\,,$$

$$c_p (T_2 - T_1) = i_2 - i_1 = \Delta i \;\; (\text{Abb. 94})\,,$$

also:

$$A L_2 = \Delta i\,.$$

Der Wärmewert der Gesamtarbeit ist somit:

$$\left| A L_{\mathrm{pol}} = \Delta S \cdot T_m + \Delta i \right| \ldots \text{kcal/kg} \tag{43}$$

und läßt sich aus dem J—S-Diagramm ablesen.

Werden in der Minute $G \ldots$ kg Gas verdichtet, so ist der theore-tische Kraftbedarf:

$$\left| N = \frac{(A \cdot L_{\mathrm{pol}}) \cdot \dfrac{1}{A} \cdot G}{60 \cdot 75} \right| \ldots \text{PS}\,. \tag{44}$$

Bei Kreiselgebläsen und -verdichtern kann das Gas (im Gegensatz zu den Kolbenver-dichtern) während der Verdichtung nicht ge-kühlt werden. Man hätte es also theoretisch mit einer adiabatischen Verdichtung $1 \ldots 2_{\mathrm{ad}}$ (Abb. 95) zu tun. Praktisch tritt aber durch die Reibung in den Schaufelkanälen eine Erwärmung des Gases durch die Reibungs-wärme auf. Es wird also dem Gase Wärme

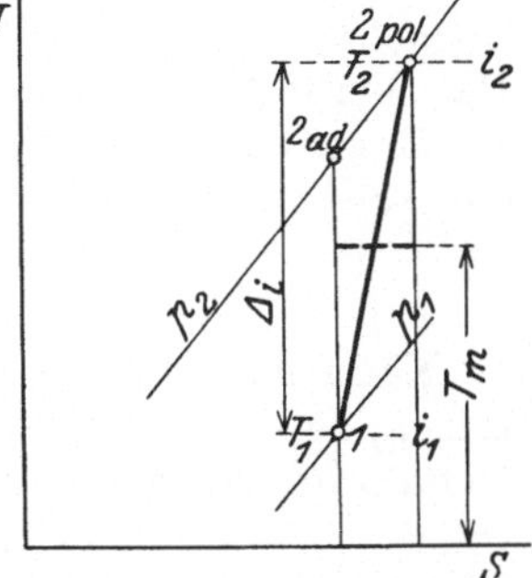

Abb. 95. J—S-Diagramm bei poly-tropischer Verdichtung $(n > k)$.

und Arbeit gleichzeitig zugeführt; der polytropische Exponent n muß größer als k werden. Für Luft z. B. ist praktisch $n = 1{,}45$ bis $1{,}7$ bei $k = 1{,}41$. Dementsprechend verläuft ein J—S-Diagramm (Abb. 95) die Polytrope rechts der Adiabate. Der Enddruck p_2 wird erst im Punkt 2_{pol} erreicht, die Temperatur T_2 und das spez. Volumen v_2 sind größer als bei adiabatischer Verdichtung $1 \ldots 2_{\mathrm{ad}}$.

Die Zustandsänderungen der Kreiselgebläse und Verdichter stellt man der Deutlichkeit halber meist im $T-S$-Diagramm dar. Die Abb. 96 stellt schematisch das $T-S$-Diagramm für einen 5 stufigen Kreiselverdichter dar. In der 1. Stufe wird das Gas von „*0*“ bis „*1*“, in der 2. Stufe von „*1*“ bis „*2*“, in der 3. Stufe von „*2*“ bis „*3*“ verdichtet Hinter der 3. Stufe wird das Gas in einem Zwischenkühler bei gleichbleibendem Druck p_3 von der Temperatur T_3 auf die Temperatur T_3' abgekühlt und schließlich in der 4. Stufe (*3'…4*) und 5. Stufe (*4…5*) auf den Enddruck p_5 gebracht. Mitunter wird das Gas hinter jeder Stufe zwischengekühlt, doch ist naturgemäß die Zwischenkühlung um so wirksamer, je größer der Temperaturunterschied zwischen Gas und Kühlwasser ist.

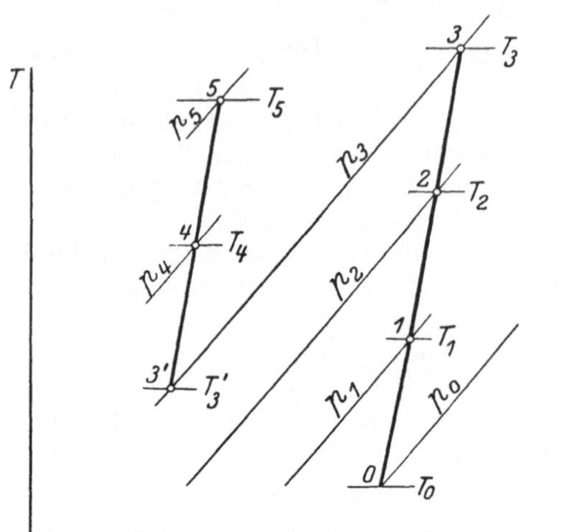

Abb. 96. $T-S$-Diagramm für einen 5-stufigen Kreiselverdichter.

31. Der Wirkungsgrad des Energieumsatzes.

Man legt dem Verdichter einen bestimmten theoretischen Verdichtungsvorgang zugrunde, je nach Art des Verdichters selbst. Ist z. B. während der Verdichtung eine Kühlung des Gases möglich, so betrachtet man die isothermische Verdichtung als den Idealfall hierfür. Das Verhältnis des Wärmewertes der isothermischen Verdichtungsarbeit zu der wirklich aufgewendeten Verdichtungsarbeit nennt man den **isothermischen Wirkungsgrad** des Verdichters. Es ist:

$$\eta_{1s} = \frac{A \cdot L_{1s}}{A \cdot L_{pol}}. \tag{45}$$

Kann man dem Gas während der Verdichtung keine Wärme entziehen, so sieht man die adiabatische Verdichtung als den Idealfall an. Dann wird der **adiabatische Wirkungsgrad**:

$$\eta_{ad} = \frac{A \cdot L_{ad}}{A \cdot L_{pol}}. \tag{46}$$

Neuerdings rechnet man nur noch mit dem isothermischen Wirkungsgrad, um eine einheitliche Vergleichsgrundlage zu haben.

B. Die Lüfter.

32. Allgemeines.

Die Lüfter dienen hauptsächlich zur Förderung großer Flüssigkeitsmengen (besonders Luft) bei nur relativ geringen Drücken. Saugende

Lüfter werden Exhaustoren, drückende Lüfter werden Ventilatoren genannt. Man unterscheidet:

a) **Schraubenlüfter.** Die Luft fließt in axialer Richtung durch die Schaufeln. Schraubenlüfter können große Mengen fördern, aber nur geringe Druckhöhen von etwa 2 bis 20 mm W.S. erzeugen; ihr Verwendungsbereich ist daher praktisch beschränkt, zumal sie auch einen schlechten Wirkungsgrad aufweisen.

b) **Schleuderlüfter.** Die Luft (oder anderes Gas) fließt in radialer Richtung durch die Schaufeln. Schleuderlüfter werden für Drücke von 15 bis 1000 mm W.S. verwendet.

33. Die Schraubenlüfter.

Die richtige Bestimmung der Hauptabmessungen ist, wie auch bei den Schleuderlüftern, von praktischen Frfahrungen abhängig.

Man kann den äußeren Flügelraddurchmesser D etwa machen:

$$D = 1,3 \sqrt{\frac{Q}{c}} \ldots \text{m}.$$

Darin ist: Q die zu fördernde Flüssigkeitsmenge in m^3/s; $c = 5$ bis 10 m/s die axiale Durchströmgeschwindigkeit.

Die Umfangsgeschwindigkeit des Flügelrades wählt man erfahrungsgemäß:

$$u = \varphi \cdot \sqrt{p} \ldots \text{m/s}. \tag{47}$$

Darin ist: $\varphi = 7$ bei gekrümmten Schaufeln,

$\varphi = 9$ bei ebenen Schaufeln,

$p = $ zu erzeugende Pressung in mm W.S.

Je nach Größe des Schraubenrades wählt man $i_1 = 5$ bis 30 Schaufeln, deren Steigungswinkel im Mittel 30^0 bis 40^0 beträgt.

Aus u und D läßt sich die erforderliche Drehzahl berechnen zu:

$$n = \frac{60 \cdot u}{\pi \cdot D} \ldots \text{U/min}.$$

Der Kraftbedarf ist:

$$N = \frac{Q \cdot p}{75 \cdot \eta} \ldots \text{PS}. \tag{48} \text{ (s. 34, c)}$$

$\eta = 0,1$ bis $0,3$ je nach Größe des Lüfters.

34. Die Schleuderlüfter.

a) Druck und Geschwindigkeit. Der Flächeneinheitsdruck irgend einer Flüssigkeit ergibt sich als das Produkt aus der Höhe der Flüssigkeitssäule $h \ldots$ m und dem spezifischen Gewicht $\gamma \ldots$ kg/m³ der Flüssigkeit. Es ist also

$$\boxed{h \cdot \gamma = p} \ldots \text{kg/m}^2. \tag{49}$$

Will man den Druck in ata oder kg/cm² haben, so ist p durch $10\,000$ zu dividieren. Da bei den Lüftern die Druckzunahme verhältnismäßig klein ist, rechnet man stets mit kg/m² oder mm W.S., was das gleiche bedeutet.

Das strömende Gas habe eine Geschwindigkeit $c \ldots$ m/s. Dazu gehört, bezogen auf 1 kg, eine Geschwindigkeitshöhe $h \ldots$ m Gassäule. Es ist nach Gl. (4)

$$h = \frac{c^2}{2g} \ldots \text{m}.$$

Der zugehörige Flüssigkeitsdruck ist: $p = h \cdot \gamma$. Also wird der dem strömenden Gase entsprechende Druck:

$$\left| p_d = \frac{c^2 \cdot \gamma}{2g} \right| \ldots \text{kg/m}^2 \ldots \text{mm W.S.} \tag{50}$$

Man nennt p_d den dynamischen Druck. Außer der Strömungsgeschwindigkeit c (der p_d entspricht) erzeugt der Lüfter noch einen statischen Druck p_{st} der als Druck in der strömenden Flüssigkeit feststellbar ist. Der Gesamtdruck p ist

$$\left| p = p_{st} + p_d \right| \ldots \text{kg/m}^2 \ldots \text{mm W.S.} \tag{51}$$

Für diesen Gesamtdruck p ist der Lüfter zu berechnen.

Beispiel. Ein Lüfter erzeugt einen statischen Druck von 35 mm WS und eine Strömungsgeschwindigkeit $c = 12$ m/s bei $\gamma = 1,25$ kg/m³. Wie groß ist der Gesamtdruck?

$$p_d = \frac{c^2 \cdot \gamma}{2g} = \frac{12^2 \cdot 1,25}{19,62} = 9,16 \text{ mm W.S.}$$

Gesamtdruck: $p = p_{st} + p_d = 35 + 9,16 = 44,16$ mm W.S.

Bei geringen statischen Drücken muß der dynamische Druck unbedingt bei der Berechnung berücksichtigt werden. Erst bei $p_{st} \geqq 1000$ mm W.S. kann p_d vernachlässigt werden.

b) Die Schaufelformen. Man verwendet vorwärts gekrümmte, radial endigende und rückwärts gekrümmte Schaufeln. — Aus den Geschwindigkeitsdiagrammen für diese 3 Schaufelformen ergibt sich ähnlich wie bei den Kreiselpumpen (Abb. 70):

1. Bei vorwärts gekrümmten Schaufeln ist c_2 groß, der Anteil der dynamischen Höhe überwiegend. Schaufeln dieser Art eignen sich vorwiegend für große Fördermengen und relativ geringe statische Drücke. Die dynamische Höhe läßt sich z. T. in einem an das Gehäuse angeschlossenen Diffusor in statischen Druck verwandeln, doch ist der Diffusorwirkungsgrad schlecht[1].

2. Bei radial endigender Schaufel ist c_2 kleiner, der Anteil der dynamischen Höhe also geringer und damit der Anteil der statischen Höhe größer. Die statische Höhe beträgt etwa die Hälfte der Gesamthöhe.

3. Bei rückwärts gekrümmter Schaufel ist der Anteil der statischen Höhe überwiegend; sie eignet sich also besonders für Erzeugung höherer Pressungen, da der Diffusorwirkungsgrad nicht so sehr in Gewicht fällt.

---

[1] **Riffart:** Über Versuche an Verdichtungsdüsen (Diffusoren) für Luft. Z.V.d.I. 1921, S. 918.

c) Berechnung. Die Turbinenhauptgleichung lautet mit $\alpha_1 = 90^0$,
d. h. $c_{u_1} = 0$:

$$g \cdot h = u_2 \cdot c_{u_2}.$$

Die wirklich erreichbare Druckhöhe $h_e \ldots$ m Gassäule ist durch den
manometrischen Wirkungsgrad oder **Druck-
wirkungsgrad** kleiner als die theoretische
Höhe h. Der Druckwirkungsgrad

$$\eta_p = \frac{h_e}{h}$$

Abb. 97. Austrittsdiagramm.

berücksichtigt die Reibungs-, Wirbel- und
Stoßverluste und entspricht dem hydraulischen Wirkungsgrad; er beträgt $\eta_p = 0,5$ bis $0,8$ bei guten Ausführungen.

In dem Austrittsdiagramm (Abb. 97) kann man setzen:

$$c_{u_2} = \frac{c_{m_2}}{\operatorname{tg} \alpha_2}; \qquad c_{m_2} = (u_2 - c_{u_2}) \cdot \operatorname{tg} \beta_2,$$

$$c_{u_2} = (u_2 - c_{u_2}) \frac{\operatorname{tg} \beta_2}{\operatorname{tg} \alpha_2} = u_2 \cdot \frac{\operatorname{tg} \beta_2}{\operatorname{tg} \alpha_2} - c_{u_2} \cdot \frac{\operatorname{tg} \beta_2}{\operatorname{tg} \alpha_2}.$$

Mit $\dfrac{1}{c_{u_2}}$ multipliziert wird:

$$1 = \frac{u_2}{c_{u_2}} \cdot \frac{\operatorname{tg} \beta_2}{\operatorname{tg} \alpha_2} - \frac{\operatorname{tg} \beta_2}{\operatorname{tg} \alpha_2},$$

$$\frac{1 + \dfrac{\operatorname{tg} \beta_2}{\operatorname{tg} \alpha_2}}{\dfrac{\operatorname{tg} \beta_2}{\operatorname{tg} \alpha_2}} = \frac{u_2}{c_{u_2}} \quad \text{oder} \quad 1 + \frac{\operatorname{tg} \alpha_2}{\operatorname{tg} \beta_2} = \frac{u_2}{c_{u_2}},$$

$$c_{u_2} = \frac{u_2}{1 + \dfrac{\operatorname{tg} \alpha_2}{\operatorname{tg} \beta_2}} = \psi \cdot u_2.$$

Darin

$$\psi = \frac{1}{1 + \dfrac{\operatorname{tg} \alpha_2}{\operatorname{tg} \beta_2}} = \frac{\operatorname{tg} \beta_2}{\operatorname{tg} \beta_2 + \operatorname{tg} \alpha_2}. \tag{52}$$

Setzt man $c_{u_2} = \psi \cdot u_2$ in die Turbinenhauptgleichung ein, so wird:

$$\frac{g \cdot h}{\eta_p} = u_2 \cdot \psi \cdot u_2 = \psi \cdot u_2^2$$

oder

$$\left| \; h = \eta_p \cdot \psi \cdot \frac{u_2^2}{g} \; \right| \ldots \text{m}. \tag{53}$$

Werden in dieser Gleichung α_2; β_2 und η_p gewählt oder sind sie bekannt,
so läßt sich für die verlangte Höhe h die Umfangsgeschwindigkeit am
Laufradaustritt u_2 berechnen.

Die Geschwindigkeit am Schaufeleintritt wählt man zu $c_1 =$
$(2 \text{ bis } 1) \cdot \sqrt{p}$. Dabei gilt der größere Wert $2\sqrt{p}$ für kleine Drücke
$p \ldots$ mm W.S. und der kleinere Wert für hohe Drücke. c_1 soll den
Wert 30 m/s nicht überschreiten.

Den Eintrittsdurchmesser D_1 macht man etwa gleich dem Durchmesser D_s der Saugöffnung und setzt auch die Geschwindigkeit c_s in der Saugöffnung gleich der Geschwindigkeit c_1. Der Eintrittswinkel wird $\beta_1 = 30^0$ bis 70^0.

Den Austrittsdurchmesser D_2 kann man nach Karg etwa wählen:

$$D_2 = (1{,}3 \text{ bis } 1{,}4) \cdot D_1 \text{ für } p \leqq 100 \text{ mm W.S.},$$

$$D_2 = (1{,}5 \text{ „ } 1{,}7) \cdot D_1 \text{ „ } p = 100 \text{ bis } 200 \text{ mm W.S.},$$

$$D_2 = (1{,}8 \text{ „ } 2 \text{ }) \cdot D_1 \text{ „ } p > 200 \text{ mm W.S.}$$

Die Relativgeschwindigkeit am Schaufelaustritt macht man vielfach

$$w_2 = (1 \text{ bis } 1{,}5) \cdot w_1.$$

Die Gehäusebreite wird etwa $B = (0{,}5 \text{ bis } 0{,}6) \cdot D_2$ und die Ausblasöffnung erhält den gleichen Querschnitt wie die Saugöffnung.

Die Schaufel beträgt gewöhnlich

$$i_1 = 20 \text{ bis } 30,$$

bei sehr kurzen Schaufeln ist sie aber beträchtlich höher.

Der Kraftbedarf ergibt sich aus folgender Überlegung:

Um eine Gasmenge $Q \ldots \text{m}^3/\text{s}$ gegen einen Widerstand $p \ldots \text{kg/m}^2$ fortzubewegen, ist eine Leistung von $L = Q \cdot p \ldots \text{mkg/s}$ erforderlich. Diese Leistung ist gleich einer anderen, die erforderlich wäre, um die Gasmenge $Q \ldots \text{m}^3/\text{s}$ vom spezifischen Gewichte $\gamma \ldots \text{kg/m}^3$ auf die Höhe $h \ldots \text{m}$ Gassäule zu heben. Also ist: $Q \cdot p = Q \cdot h \cdot \gamma$.

In PS ausgedrückt, beträgt der theoretische Kraftbedarf:

$$N_{\text{th}} = \frac{Q \cdot \gamma \cdot h}{75} \cdots \text{PS}. \tag{48a}$$

Durch den Wirkungsgrad η wird der Kraftbedarf vergrößert. Der Gesamtwirkungsgrad ist das Produkt aus Druckwirkungsgrad und mechanischem Wirkungsgrad:

$$\eta = \eta_p \cdot \eta_m$$

und beträgt $\eta = 0{,}3$ bis $0{,}8$ je nach Größe und Güte der Ausführung.

Der wirkliche Kraftbedarf ist dann:

$$N_e = \frac{Q \cdot \gamma \cdot h}{75 \eta} \cdots \text{PS}_e. \tag{48b}$$

Beispiel. Ein Schleuderlüfter (Ventilator) soll $5 \text{ m}^3/\text{s}$ Luft gegen einen statischen Druck von 60 mm W.S. bei einem spezifischen Gewicht $\gamma = 1{,}2 \text{ kg/m}^3$ fördern. Der Ventilator ist zu berechnen.

Die dynamische Höhe werde zunächst geschätzt zu $p_d = 10 \text{ mm W.S.}$

Die Gesamthöhe ist dann: $p = p_{st} + p_d = 60 + 10 = 70 \text{ mm W.S.}$

Die Geschwindigkeit c_1 wird:

$$c_1 = (2 \text{ bis } 1) \cdot \sqrt{p} = (2 \text{ bis } 1) \cdot \sqrt{70} = \sim 13 \text{ m/s}.$$

Kontrolle: $\qquad p_d = \dfrac{c_1^2}{2g} \cdot \gamma = \dfrac{13^2 \cdot 1{,}2}{19{,}62} = 10{,}35 \text{ mm W.S.}$

Die Annahme $p_d = 10 \text{ mm W.S.}$ braucht nicht berichtigt zu werden.

Kraftbedarf: $\qquad N_e = \dfrac{Q \cdot \gamma \cdot h}{75 \cdot \eta} = \dfrac{5 \cdot 70}{75 \cdot 0{,}5} = 9{,}33 \text{ PS}.$

Gesamtwirkungsgrad $\eta = 0,5$ geschätzt.

Der Saugöffnungsdurchmesser ist:

$$D_s = D_0 = \sqrt{\frac{4 \cdot Q}{\pi \cdot c_1}} = \sqrt{\frac{4 \cdot 5}{\pi \cdot 13}} = 0,7 \text{ m} = 700 \text{ mm}.$$

Dia Schaufel soll radial endigen. Dafür wird in der Gleichung

$$h = \eta_p \cdot \psi \cdot \frac{u_2^2}{g}$$

der Wert $\psi = 1$, da $\beta_2 = 90^0$ wird. Ferner ist $\eta_p = 0,55$ zu schätzen und

$$h = \frac{p}{\gamma} = \frac{70}{1,2} = 58,3 \text{ m G.S.}$$

Dann wird:

$$u_2 = \sqrt{\frac{g \cdot h}{\eta_p}} = \sqrt{\frac{9,81 \cdot 58,3}{0,55}} = 32,2 \text{ m/s}.$$

Der Austrittsdurchmesser werde: $D_2 = 1,35 \cdot D_1 = 1,35 \cdot 700 = 950$ mm. Mit D_2 und der Umfangsgeschwindigkeit u_2 wird die Drehzahl:

$$n = \frac{60 \cdot u_2}{\pi \cdot D_2} = \frac{60 \cdot 32,2}{\pi \cdot 0,95} = \sim 650 \text{ U/min}.$$

Eintritt. Umfangsgeschwindigkeit

$$u_1 = \frac{D_1 \cdot \pi \cdot n}{60} = \frac{0,7 \cdot \pi \cdot 650}{60} = 23,9 \text{ m/s}.$$

$\alpha_1 = 90^0$ gewählt; damit wird: $c_1 = c_{m1} = 13$ m/s.

Der Eintrittswinkel β_1 ist:

$$\operatorname{tg} \beta_1 = \frac{c_1}{u_1} = \frac{13}{23,9} = 0,545; \qquad \beta_1 = 28,5^0.$$

Die Eintrittsbreite ist:

$$b_1 = \frac{Q}{D_1 \cdot \pi \cdot c_{m1}} = \frac{5}{0,7 \cdot \pi \cdot 13} = 0,175 \text{ m} = \sim 180 \text{ mm}.$$

Austritt. Umfangsgeschwindigkeit

$$u_2 = \frac{D_2 \cdot \pi \cdot n}{60} = \frac{0,95 \cdot \pi \cdot 650}{60} = 32,4 \text{ m/s}.$$

Da der Schaufelwinkel $\beta_2 = 90^0$ ist, wird

$$w_2 = c_{m2} = \sim c_{m1} = 13 \text{ m/s}.$$

Die Austrittsbreite ist

$$b_2 = \frac{Q}{D_2 \cdot \pi \cdot c_{m2}} = \frac{5}{0,95 \cdot \pi \cdot 13} = 0,129 = \sim 130 \text{ mm}.$$

Die Schaufelzahl werde $i_1 = 24$ gewählt. Dann ist die Schaufelteilung am Eintritt

$$t_1 = \frac{D_1 \cdot \pi}{i_1} = \frac{700 \cdot \pi}{24} = 92 \text{ mm}.$$

und am Austritt

$$t_2 = \frac{D_2 \cdot \pi}{i_1} = \frac{950 \cdot \pi}{24} = 124 \text{ mm}.$$

Die Gehäusebreite wird:

$$B = (0,5 \text{ bis } 0,6) \cdot D_2 = (0,5 \text{ bis } 0,6) \cdot 950 = \sim 500 \text{ mm}.$$

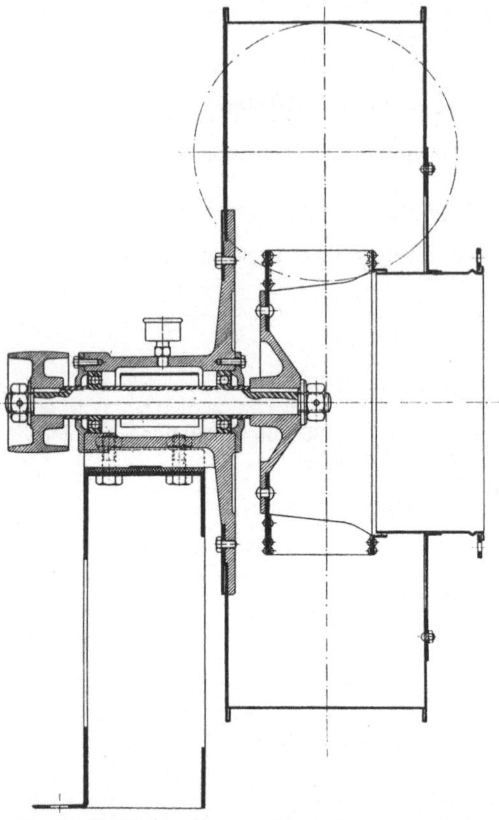

Abb. 98. Ventilator mit rückwärts gekrümmten Schaufeln
(Maschinenfabrik Kiefer, Stuttgart-Feuerbach).

Abb. 98 zeigt den schematischen Querschnitt durch einen Ventilator mit Riemenantrieb und Kugellagerung. Das zugehörige Laufrad ist in Abb. 99 dargestellt. Die Schaufeln sind leicht rückwärts gekrümmt. Um eine möglichst starre Befestigung und große Steifigkeit zu erhalten, werden die Laufradschaufeln vielfach an der Laufradscheibe herabgezogen.

Die Abb. 100 und 101 stellen Konstruktionszeichnungen für einseitige Schleuderlüfter dar, aus denen die konstruktiven Einzelheiten ohne weiteres zu ersehen sind[1].

Literaturnachweis.

Gronwald, E.: Zentrifugal-Ventilatoren, 1925. Mit 108 Abb.

Karg, H. R.: Schleudergebläse, Berechnung und Konstruktion, 1926. Mit 19 Abb. und 9 Tabellen.

Wiesmann, E.: Die Ventilatoren, 1924. Mit 195 Abb. und 19 Zahlentafeln.

C. Die Gebläse und Verdichter.
35. Aufbau und Wirkungsweise.

Die Gebläse bestehen aus wenigen (1 bis 6) hintereinander geschalteten Laufrädern, während bei den Kreiselverdichtern eine größere Anzahl (6 bis 20) von Laufrädern hintereinander geschaltet ist. Im Gegensatz zu den Lüftern, die keinen besonderen Leitapparat haben, sind die Gebläse mit einem Leitapparat (Diffusor) versehen. In dem Leitapparat,

Abb. 99. Laufrad des Ventilators Abb. 97.

[1] Hüttig: Niederdruckventilatoren. Z. V. d. I. 1921, S. 1342.

der mit festen oder beweglichen Leitschaufeln ausgerüstet ist, wird die Umwandlung der dynamischen Höhe in statische (Druck-) Höhe erzwungen.

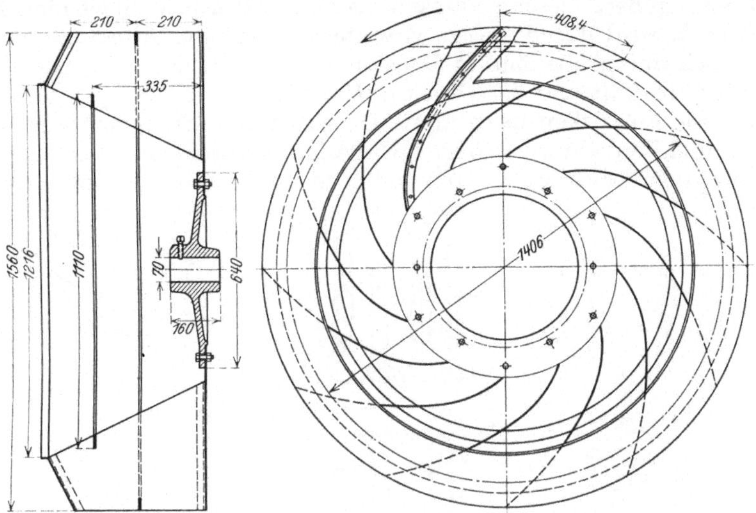

Abb. 100. Einseitig saugender Lüfter (B. Schilde A.G., Hersfeld).

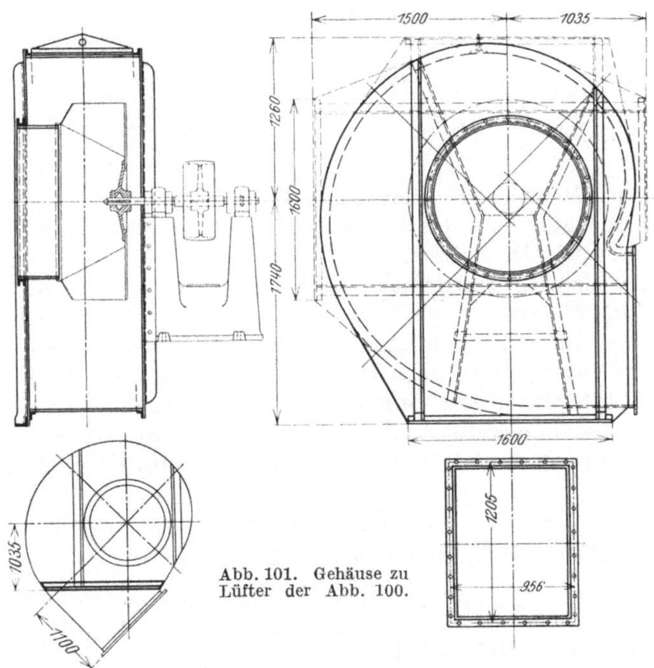

Abb. 101. Gehäuse zu Lüfter der Abb. 100.

Aufbau und Wirkungsweise sind aus der schematischen Darstellung der Abb. 102 zu erkennen. Die Flüssigkeit (Dampf oder Gas, meist Luft) strömt durch die Saugleitung dem Laufrade a_1 der ersten Stufe zu und erhält dort durch die Fliehkraftwirkung einen höheren Druck (BC) und eine größere Geschwindigkeit (EF). In dem anschließenden Leitapparat b_1 wird durch stetige Erweiterung der Durchflußquerschnitte die Geschwindigkeitshöhe in Druckhöhe umgewandelt. Die Geschwindigkeit (FG) fällt und der Druck (CD) steigt. Bei einstufigen Gebläsen strömt die Flüssigkeit dann in die Druckleitung. Bei mehrstufigen Gebläsen und Verdichtern strömt die Flüssigkeit durch einen Umführungskanal c_1 dem Laufrade a_2 der zweiten Stufe zu und das Verdichtungs-

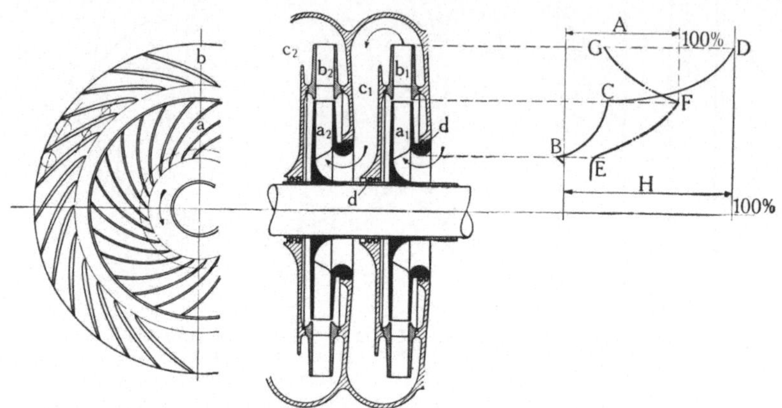

Abb. 102. Schematischer Aufbau und Wirkungsweise eines Kreiselverdichters.

a_1 = Laufrad	} der ersten Stufe.	E-F-G = Verlauf der Geschwindigkeit.
b_1 = Diffusor		E-F = im Laufrad.
c_1 = Umlaufkanal		F-G = im Diffusor.
a_2	} desgl. der zweiten Stufe.	B-C-D = Verlauf des Druckes.
b_2		B-C = im Laufrad.
c_2		C-D = im Diffusor.

spiel wiederholt sich. In jeder Stufe erfährt die Flüssigkeit eine bestimmte Druckzunahme, bis sie den verlangten Enddruck erreicht, und tritt dann in die Druckleitung ein.

Bei der Verdichtung steigt die Temperatur, so daß bei höheren Drücken die Flüssigkeit gekühlt werden muß. Bei Innenkühlung ist das Gehäuse mit einem angegossenen Kühlmantel versehen, der vom Kühlwasser durchströmt wird. Bei Außenkühlung wird die Flüssigkeit nach je 2 bis 3 Stufen aus dem Verdichter herausgenommen, in einem Zwischenkühler abgekühlt und der folgenden Stufe wieder zugeführt. Bei Verdichtern wird stets gekühlt, bei Gebläsen im allgemeinen nicht.

36. Berechnung.

a) Förderhöhe. Man geht aus von der Gl. (53):

$$h = \eta_p \cdot \psi \cdot \frac{u_2^2}{g} \ldots \text{m Gassäule}.$$

Es wird also: $\alpha_1 = 90^0$ und damit $c_{u_1} = 0$.

Im Austrittsdiagramm (Abb. 99) setzt man $\beta_2 = 40^0$ bis 60^0 und $\alpha_2 = 14^0$ bis 18^0 und erhält damit $\psi = 0,75$ bis $0,90$. Der Druckwirkungsgrad beträgt $\eta_p = 0,7$ bis $0,78$ bei guten Ausführungen.

Ist der Druck vor der Schaufel p_1, nach der Schaufel p_2, so ist in der Schaufel die Druckzunahme $\Delta p = p_2 - p_1$. Andererseits ist $\Delta p = h \cdot \gamma$. Während der Drucksteigerung wird die Flüssigkeit verdichtet, das spezifische Gewicht γ nimmt zu. Man setzt daher das mittlere spezifische Gewicht γ_m ein.

$$\Delta p = h \cdot \gamma_m \ldots \text{kg/m}^2.$$

Mit $\gamma_m = \dfrac{1}{v_m}$ wird $\Delta p = \dfrac{h}{v_m}$. Damit erhält obige Gleichung die Form:

$$\left| \Delta p = \frac{\eta_p \cdot \psi \cdot u_2^2}{v_m \cdot g} \right| \ldots \text{kg/m}^2 \ (\ldots \text{mm W.S.}) . \tag{53a}$$

Man erkennt, daß die Drucksteigerung Δp unter sonst gleichen Verhältnissen vom Quadrate der Umfangsgeschwindigkeit u_2 und vom reziproken Werte des spezifischen Volumens v_m abhängt. Zur Vergrößerung von Δp muß also in erster Linie ein möglichst großes u_2 angestrebt werden; doch geht man mit Rücksicht auf die Werkstofffestigkeit im allgemeinen nicht über $u_2 = 200$ bis 220 m/s hinaus. Mit zunehmender Verdichtung wird v_m immer kleiner; infolgedessen wird die Drucksteigerung Δp von Stufe zu Stufe größer.

Beispiel. Welche Drucksteigerung Δp kann in der ersten Stufe eines Kreiselverdichters erreicht werden, wenn in der Saugöffnung der Druck $p_1 = 0{,}9$ ata und die Temperatur $t_1 = 17^0$ C ist?

Zu $p_1 = 0{,}9$ ata und $t_1 = 17^0$ C gehört $v_1 = 0{,}95$ (nach Ostertag, Entropietafel für Luft).

Geschätzt: $\qquad v_m = \dfrac{v_1 + v_2}{2} = 0{,}84 \text{ m}^3\text{/kg} \quad \text{und} \quad \eta_p = 0{,}75$.

Gewählt: $\qquad u_2 = 220 \text{ m/s} \quad \text{und} \quad \psi = 0{,}85$.

Dafür wird: $\quad \Delta p = \dfrac{0{,}75 \cdot 0{,}85 \cdot 220^2}{0{,}84 \cdot 9{,}81} = 3780 \text{ kg/m}^2 = 0{,}378 \text{ ata}$.

Der Enddruck der ersten Stufe ist
$$p_2 = \Delta p + p_1 = 0{,}378 + 0{,}9 = 1{,}278 \text{ ata} .$$

Die Wahl des mittleren spezifischen Volumens v_m muß zunächst probeweise getroffen werden. Aus dem danach berechneten Enddruck p_2 ergibt sich das Endvolumen v_2. Aus der Nachprüfung $v_m = \dfrac{v_1 + v_2}{2}$ erkennt man, ob die Wahl von v_m richtig war oder nicht. Letzterenfalls ist das errechnete v_m einzusetzen, die Berechnung von Δp zu wiederholen und v_m abermals nachzuprüfen, bis die Rechnung stimmt.

In der gezeigten Weise kann man von Stufe zu Stufe die Drucksteigerung berechnen und erhält damit für den verlangten Enddruck die erforderliche Stufenzahl. Dies Verfahren hat den Nachteil, daß man von vornherein nicht die Anzahl der Stufen kennt. Deshalb macht man es vielfach so, daß man das Druckverhältnis $\dfrac{p_2}{p_1}$ in allen Stufen gleichmacht und die Stufenzahl vorschreibt. Dann ist:

$$\frac{p_1}{p_2} = \frac{p_2}{p_3} = \frac{p_3}{p_4} = \frac{p_4}{p_5} = \frac{p_5}{p_6} = \ldots = \frac{p_n}{p_{n+1}} \text{ bei n Stufen,}$$

wenn p_1 der Druck vor der ersten Stufe und p_{n+1} der Druck nach der n-ten Stufe ist. Das Druckverhältnis in jeder Stufe ist dann:

$$\frac{p_2}{p_1} = \sqrt[n]{\frac{p_{n+1}}{p_n}}.$$

Beispiel. In 7 Stufen soll von $p_1 = 0{,}9$ ata auf $p_8 = 5{,}4$ ata verdichtet werden. Wie groß ist das Druckverhältnis in jeder Stufe?

$$\frac{p_2}{p_1} = \sqrt[n]{\frac{p_8}{p_1}} = \sqrt[7]{\frac{5{,}4}{0{,}9}} = \sqrt[7]{6} = 1{,}29.$$

Der Enddruck der ersten Stufe wäre dann

$$p_2 = p_1 \cdot 1{,}29 = 0{,}9 \cdot 1{,}29 = 1{,}16 \text{ ata}.$$

Da jetzt die Drucksteigerung $\varDelta p$ gegeben ist, kann die Umfangsgeschwindigkeit u_2 berechnet werden.

Man kann auch vom erreichbaren Druckverhältnis der ersten Stufe ausgehen, für alle Stufen das gleiche Druckverhältnis vorschreiben und aus dem gesamten Druckverhältnis $\frac{p_{n+1}}{p_1}$ die Stufenzahl n berechnen.

b) Diagramme und Abmessungen. In dem Austrittsdiagramm war für die Berechnung der Förderhöhe (Drucksteigerung) bereits nach Wahl von $\alpha_2 = 14^0$ bis 18^0 und $\beta_2 = 40^0$ bis 60^0 die Umfangsgeschwindigkeit u_2 berechnet worden. Mit u_2; α_2 und β_2 kann das Austrittsdiagramm maßstäblich aufgezeichnet und damit c_2; w_2 und c_{m_2} abgelesen oder berechnet werden.

Die Drehzahl wählt man $n = 8000$ bis 2950 U/min je nach Größe der Gebläse und Verdichter. Mit n ergibt sich der Austrittsdurchmesser des Laufrades zu

$$D_2 = \frac{60 \cdot u_2}{\pi \cdot n} \dots \text{m}.$$

Die Austrittsbreite wird nach Gl. (32a)

$$b_2 = \frac{Q}{D_2 \cdot \pi \cdot c_{m_2}} \dots \text{m}$$

mit $Q = G \cdot v_2 \dots \text{m}^3/\text{s}$.

Darin bedeuten:

$G \dots$ kg/s = Gewicht der sekundlich geförderten Flüssigkeitsmenge,

$v_2 \dots$ m³/kg = spez. Volumen der Flüssigkeit am Laufradaustritt.

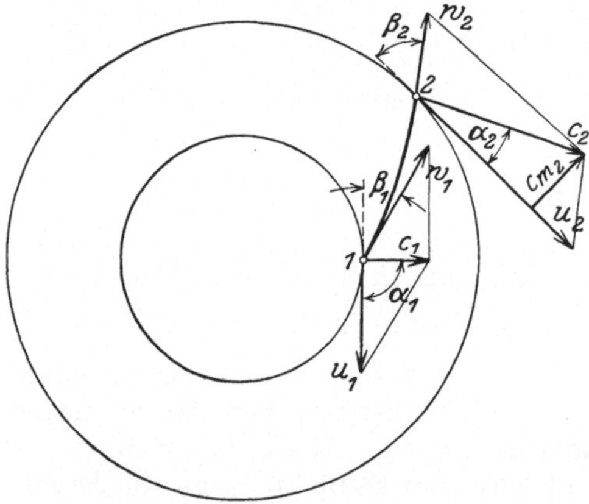

Abb. 103. Ein- und Austrittsdiagramm des Kreiselverdichters.

Um das Eintrittsdiagramm (Abb. 103) aufzeichnen zu können, wählt man $D_1 = (0{,}65$ bis $0{,}5) \cdot D_2$ und erhält mit $n \dots$ U/min die Umfangsgeschwindigkeit $u_1 = \frac{D_1 \cdot \pi \cdot n}{60} \dots$ m/s.

Für $\alpha_1 = 90^0$ wird $c_1 = c_{m_1}$. Um c_{m_1} zu bestimmen, wählt man entweder $c_{m_1} = c_{m_2}$ oder $c_{m_1} = (1{,}6$ bis $2) \cdot c_{m_2} \dots$ m/s. Mit u_1; c_1 und $\alpha_1 = 90^0$

läßt sich das Eintrittsdiagramm maßstäblich aufzeichnen und damit w_1 und β_1 ermitteln. Die Eintrittsbreite ist nach Gl. (32):

$$b_1 = \frac{G \cdot v_1}{D_1 \cdot \pi \cdot c_{m_1}} \dots \mathrm{m} \; .$$

$v_1 =$ spezifisches Volumen am Laufradeintritt.

Die Geschwindigkeit in der Saugöffnung ist etwa $c_s = c_1$ zu setzen. Damit wird, wenn man die Querschnittsversperrung durch Welle und Laufradnabe vom Gesamtdurchmesser $d \dots$ m berücksichtigt, der Durchmesser der Saugöffnung:

$$D_s = \sqrt{\frac{4 \cdot G \cdot v_1}{\pi \cdot c_s} + d^2} \dots \mathrm{m} \; .$$

Da sich die spezifischen Volumina v_1 und v_2 von Stufe zu Stufe ändern, ist die Berechnung der Hauptabmessungen für jede Stufe besonders durchzuführen.

Beträgt der Wärmewert der polytropischen Gesamtarbeit, für alle Stufen zusammengefaßt, $A \cdot L_{\mathrm{pol}}$, so ist der Kraftbedarf bei einer sekundlichen Flüssigkeitsmenge $G \dots$ kg/s theoretisch [(Gl. 44)]:

$$N_{\mathrm{th}} = \frac{(A \cdot L_{\mathrm{pol}}) \frac{1}{A} \cdot G}{75} \dots \mathrm{PS} \; .$$

Um den wirklichen Kraftbedarf zu ermitteln, ist die Gleichung durch den mechanischen Wirkungsgrad η_m zu dividieren. Praktisch wird etwa: $\eta_m = 0{,}94$ bis $0{,}97$ und damit

$$N_e = \frac{(A L_{\mathrm{pol}}) \cdot \frac{1}{A} \cdot G}{75 \cdot \eta_m} \dots \mathrm{PS_e} \; .$$

Die Laufschaufeln sind gerade oder leicht rückwärts gekrümmt; ihre Konstruktion kann in gleicher Weise wie bei den Kreiselpumpen (Abb. 75) erfolgen[1].

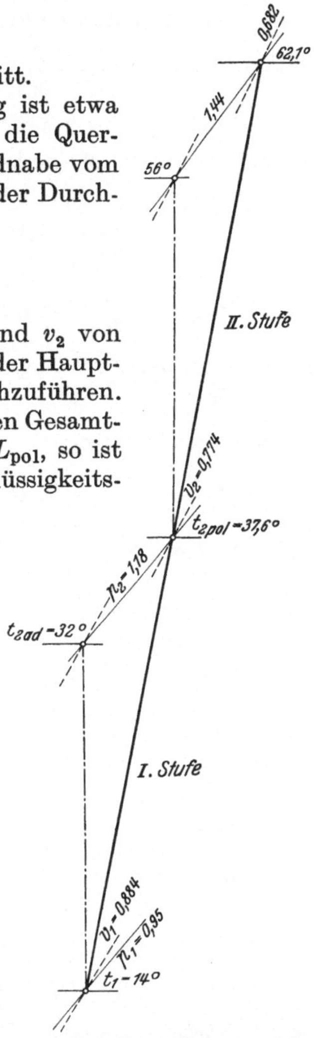

Beispiel. Ein Kreisverdichter soll stündlich 20 000 m³ Luft von 0,95 ata und 14° C in 9 Stufen auf 5,5 ata bei 4000 U/min verdichten. Adiabatischer Wirkungsgrad $\eta_{\mathrm{ad}} = 0{,}76$ und Druckwirkungsgrad $\eta_p = 0{,}75$ geschätzt. Die 1. und 2. Stufe sind zu berechnen und im $T{-}S$-Diagramm (Abb. 104) darzustellen.

Druckverhältnis in jeder Stufe:

$$\frac{p_2}{p_1} = \sqrt[n]{\frac{p_{n+1}}{p_1}} = \sqrt[9]{\frac{5{,}5}{0{,}95}} = \sim 1{,}22; \quad p_2 = 1{,}22 \cdot p_1 \; .$$

Abb. 104. $T{-}S$-Diagramm nach Ostertag, Entropietafel für Luft.

---

[1] **Flügel:** Neues Verfahren zur Berechnung von Kreiselverdichtern. Z. V. d. I. 1928, S. 662. **Baer:** Turbokompressoren und Gebläse. Z. V. d. I. 1921, S. 1333. **Rollwagen:** Abnahmeversuche an Turbokompressoren. Z. V. d. I. 1927, S. 196.

Berechnung der 1. Stufe:

Anfangszustand: $p_1 = 0,95$ ata; $t_1 = 14^0$ C;   dazu $v_1 = 0,884$ m³/kg

(nach Ostertag: Entropietafel für Luft).

Fördergewicht: $G = \dfrac{V}{v_1} = \dfrac{20\,000}{0,884} = 22\,600$ kg/h $= 6,28$ kg/s.

Endzustand: $p_2 = 1,22 \cdot p_1 = 1,22 \cdot 0,95 = 1,16$ ata.

Zur Sicherheit soll gesetzt werden: $p_2 = 1,18$ ata.

$$\Delta p = p_2 - p_1 = 1,18 - 0,95 = 0,23 \text{ ata} = 2300 \text{ kg/m}^2,$$

$$\eta_{ad} = \frac{c_p(t_{2\,ad} - t_1)}{c_p(t_{2\,pol} - t_1)} = \frac{t_{2\,ad} - t_1}{t_{2\,pol} - t_1}; \qquad t_{2\,ad} = 32^0 \text{ C nach } T\!-\!S\text{-Tafel},$$

$$t_{2\,pol} = \frac{t_{2\,ad} - t_1}{\eta_{ad}} + t_1 = \frac{32 - 14}{0,76} + 14 = 37,6^0 \text{ C}.$$

Damit kann das $T\!-\!S$-Diagramm der 1. Stufe (Abb. 104) aufgezeichnet werden und es ergibt sich daraus:

$$v_2 = 0,774 \text{ m}^2/\text{kg}.$$

Bestimmung von u_2:

$$\Delta p = \frac{\eta_v \cdot \psi \cdot u_2^2}{v_m \cdot g}; \qquad u_2 = \sqrt{\frac{\Delta p \cdot v_m \cdot g}{\eta_v \cdot \psi}} = \sqrt{\frac{2300 \cdot 0,829 \cdot 9,81}{0,75 \cdot 0,816}} = \sim 175 \text{ m/s},$$

$$v_m = \frac{v_1 + v_2}{2} = \frac{0,884 + 0,774}{2} = 0,829 \text{ m}^3/\text{kg},$$

$\alpha_2 = 15^0$ und $\beta_2 = 50^0$ gewählt; dafür wird:

$$\psi = \frac{\operatorname{tg}\beta_2}{\operatorname{tg}\beta_2 + \operatorname{tg}\alpha_2} = \frac{\operatorname{tg}50^0}{\operatorname{tg}50^0 + \operatorname{tg}15^0} = \frac{1,192}{1,192 + 0,268} = 0,816.$$

Hauptabmessungen des Laufrades der 1. Stufe:

Austrittsdurchmesser: $D_2 = \dfrac{60 \cdot u_2}{\pi \cdot n} = \dfrac{60 \cdot 175}{\pi \cdot 4000} = 0,836$ m $= 836$ mm.

Austrittsbreite: $b_2 = \dfrac{G \cdot v_2}{D_2 \cdot \pi \cdot c_{m2}} = \dfrac{6,28 \cdot 0,774}{0,836 \cdot \pi \cdot 38,5} = 0,0482$ m $= \sim 50$ mm.

$$c_{m2} = (u_2 - c_{u2}) \cdot \operatorname{tg}\beta_2 = (u_2 - \psi \cdot u_2) \cdot \operatorname{tg}\beta_2 = u_2(1 - \psi) \cdot \operatorname{tg}\beta_2.$$
$$c_{m2} = 175(1 - 0,816) \cdot 1,192 = 38,5 \text{ m/s}.$$

Eintrittsdurchmesser: $D_1 = 0,6 \cdot D_2$ gewählt.

$$D_1 = 0,6 \cdot 836 = \sim 500 \text{ mm}.$$

Eintrittsbreite: $b_1 = \dfrac{G \cdot v_1}{D_1 \cdot \pi \cdot c_{m1}} = \dfrac{6,28 \cdot 0,884}{0,5 \cdot \pi \cdot 38,5} = 0,092$ m $= 92$ mm.

$$c_{m1} = c_{m2} = 38,5 \text{ m/s gewählt}.$$

$$\alpha_1 = 90^0, \quad \text{d. h.} \quad c_1 = c_{m1} \text{ gesetzt}.$$

Schaufelwinkel β_1: $\operatorname{tg}\beta_1 = \dfrac{c_1}{u_1} = \dfrac{38,5}{104,5} = 0,368$; $\beta_1 = 20^0\,10'$,

$$u_1 = \frac{D_1 \cdot \pi \cdot n}{60} = \frac{0,5 \cdot \pi \cdot 4000}{60} = 104,5 \text{ m/s}.$$

Berechnung der 2. Stufe:

Anfangszustand: $p_1 = 1,18$ ata; $t_1 = 37,6^0$ C; $v_1 = 0,774$ m³/kg.

Endzustand:
$$p_2 = 1{,}22 \cdot p_1 = 1{,}22 \cdot 1{,}18 = 1{,}44 \text{ ata},$$
$$\Delta p = p_2 - p_1 = 1{,}44 - 1{,}18 = 0{,}26 \text{ ata} = 2600 \text{ kg/m}^2,$$

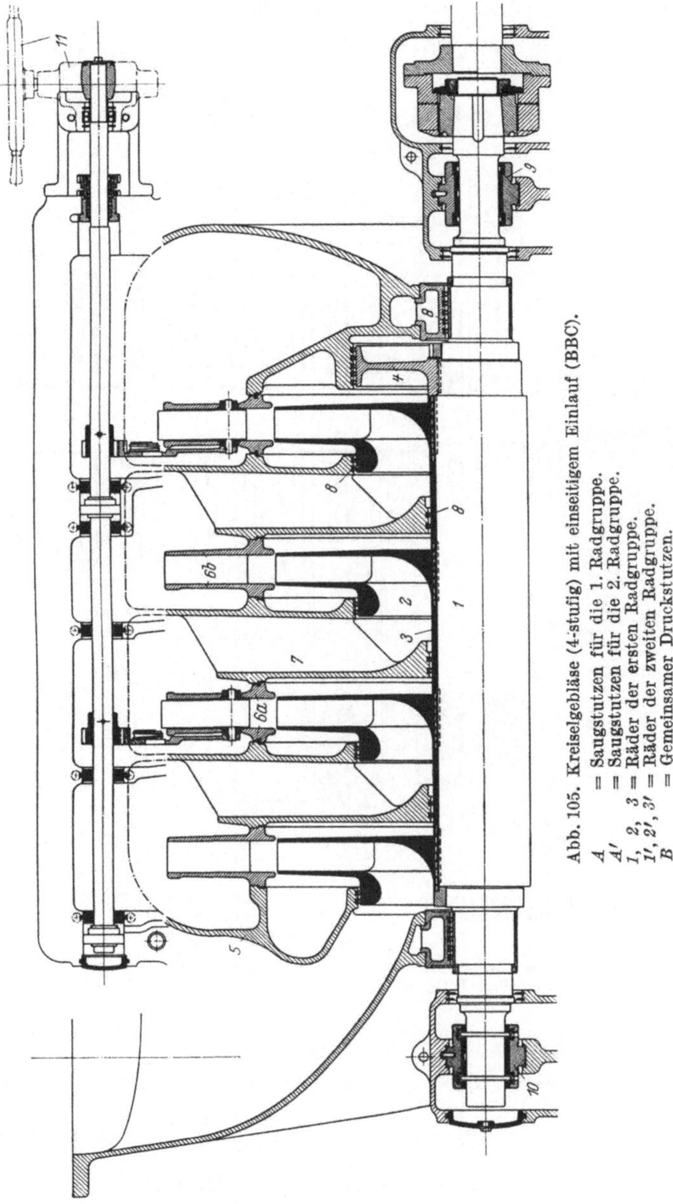

Abb. 105. Kreiselgebläse (4-stufig) mit einseitigem Einlauf (BBC).

A = Saugstutzen für die 1. Radgruppe.
A' = Saugstutzen für die 2. Radgruppe.
$1, 2, 3$ = Räder der ersten Radgruppe.
$1', 2', 3'$ = Räder der zweiten Radgruppe.
B = Gemeinsamer Druckstutzen.

$$t_{2\,\text{pol}} = \frac{t_{2\,\text{ad}} - t_1}{\eta_{\text{ad}}} + t_1 = \frac{56 - 37{,}6}{0{,}76} + 37{,}6 = 62{,}1^0\,\text{C},$$
$$t_{2\,\text{ad}} = 56^0\,\text{C}; \qquad v_2 = 0{,}682\,\text{m}^3/\text{kg} \quad \text{nach} \quad T-S\text{-Tafel}.$$

Berechnung von u_2:

$$u_2 = \sqrt{\frac{\Delta p \cdot v_m \cdot g}{\eta_v \cdot \psi}} = \sqrt{\frac{2600 \cdot 0{,}728 \cdot 9{,}81}{0{,}76 \cdot 0{,}816}} = \sim 175 \text{ m/s},$$

$$v_m = \frac{v_1 + v_2}{2} = \frac{0{,}774 + 0{,}682}{2} = \frac{1{,}456}{2} = 0{,}728 \text{ m}^3/\text{kg},$$

für $\alpha_2 = 15^0$ und $\beta_2 = 50^0$ wird wieder: $\psi = 0{,}816$.

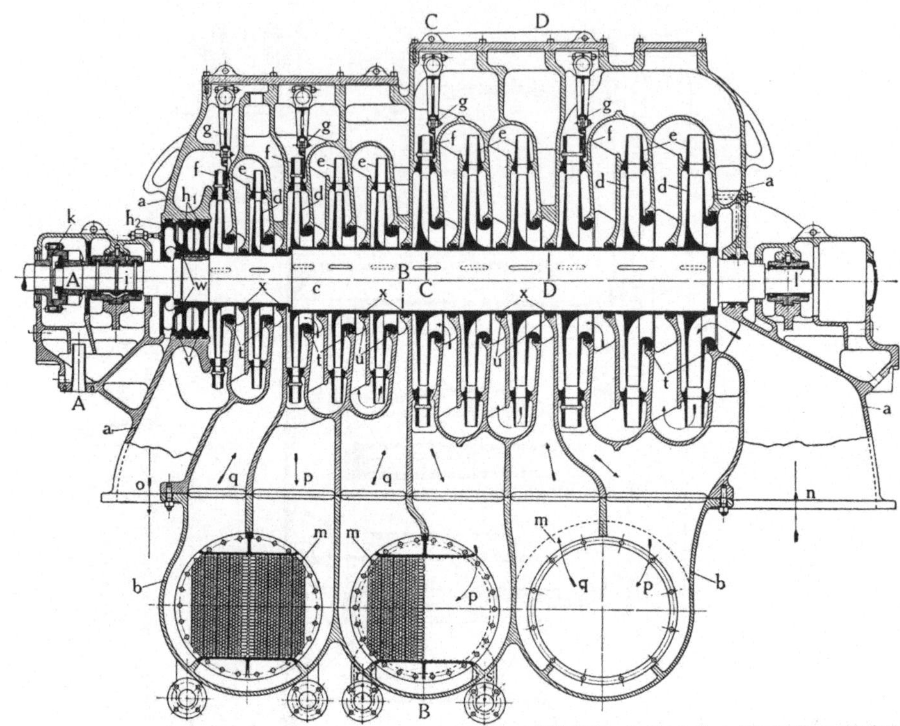

Abb. 106. Aufbau eines Eingehäuse-Kreisel-

a = Kompressorgehäuse. g = Betätigungsvorrichtung zum beweglichen Diffusor.
b = Kühlergehäuse. h_1 = Ausgleichkolben.
c = Welle. h_2 = Stopfbüchse.
d = Laufrad. i = Kammlager.
e = Fester Diffusor. k = Kupplung.
f = Beweglicher Diffusor. l = Traglager.

Hauptabmessungen des Laufrades der 2. Stufe:

Austrittsdurchmesser: $D_2 = 836$ mm   wie bei der 1. Stufe.

Austrittsbreite: $b_2 = \dfrac{G \cdot v_2}{D_2 \cdot \pi \cdot c_{m_2}} = \dfrac{6{,}28 \cdot 0{,}682}{0{,}836 \cdot \pi \cdot 38{,}5} = 0{,}0424 \text{ m} = \sim 44 \text{ mm}.$

$c_{m_2} = 38{,}5$ m/s   wie bei der 1. Stufe.

Eintrittsdurchmesser: $D_1 = 500$ mm   wie bei der 1. Stufe.

Eintrittsbreite: $b_1 = \dfrac{G \cdot v_1}{D_1 \cdot \pi \cdot c_{m_1}} = \dfrac{6{,}28 \cdot 0{,}774}{0{,}5 \cdot \pi \cdot 38{,}5} = 0{,}0802 \text{ m} = \sim 81 \text{ mm},$

$\beta_1 = 20^0 \, 10'$ wie bei der 1. Stufe.

37. Konstruktionen.

Im folgenden soll an Hand von Skizzen und Bildern der allgemeine Aufbau von Gebläsen und Verdichtern behandelt werden.

Die Abb. 105 zeigt ein Kreiselgebläse mit einseitigem Einlauf. Die Laufräder (2) sitzen mit Schiebesitz auf der Welle (1) und sind aufgekeilt. Der Abstand der Laufräder voneinander wird durch Distanzbüchsen (3) festgelegt. Die zweite (6a) und vierte Stufe sind mit beweglichen Leitschaufeln, die erste und dritte Stufe (6b) mit festen

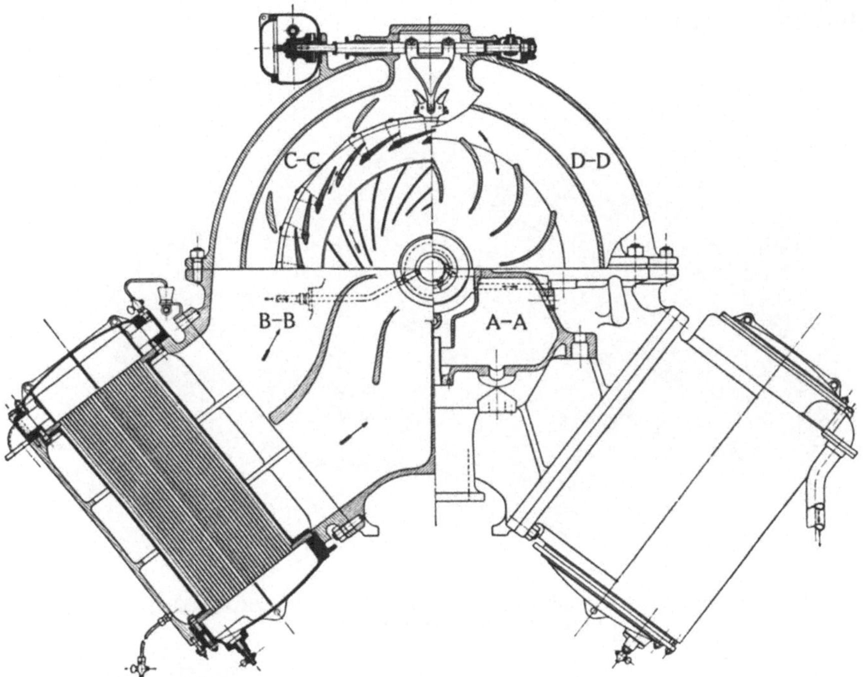

verdichters mit Außenkühlung (Bauart BBC).

m = Kühler.	s = Wasseraustritt aus dem Kühler.
n = Luft-Saugstutzen.	t = Raddichtung.
o = Luft-Druckstutzen.	u = Wellendichtung.
p = Lufteintritt zum Kühler.	v = Radiale Dichtung zum Ausgleichkolben.
q = Luftaustritt aus dem Kühler.	w = Axiale Dichtung zum Ausgleichkolben.
r = Wassereintritt zum Kühler.	x = Wellenbüchse.

Leitschaufeln versehen. Die Umführungskanäle (7) im Gehäuse (5) sind mit Führungsrippen ausgerüstet, damit der Flüssigkeitsstrom richtig in die folgende Stufe eintritt. Der nach der Saugseite hin gerichtete Axialschub wird durch den Ausgleichkolben (4), der unter dem Spaltdruck der letzten Stufe steht, aufgehoben. Die Abdichtung der einzelnen Stufen gegeneinander erfolgt durch Labyrinthdichtungen (8). Die Welle ist in einem Traglager (9) und in einem Trag- und Kammlager (10) gelagert. Der Antrieb der beweglichen Leitschaufeln erfolgt durch ein Handrad (11).

Ein Kreiselverdichter in Eingehäuse-Bauart ist in Abb. 106 dar-

gestellt, dessen Aufbau noch durch Abb. 107 veranschaulicht wird.
Zwischen der 3. und 4., 6. und 7., 9. und 10. Stufe ist ein Zwischenkühler als Außenkühler angeordnet. Die Stufen *1* bis *3*, *4* bis *6*, *7* bis *9*,
10 und *11* sind zu je einer Stufengruppe von gleichen Abmessungen
zusammengefaßt; dadurch wird die Herstellung vereinfacht und ver-
billigt. Die letzte Stufe jeder Gruppe ist mit drehbaren Leitradschaufeln
zur Regelung versehen. Die Gehäuse bestehen aus Spezialgußeisen und
sind horizontal geteilt. Welche Abmessungen diese Gehäuse mitunter
haben und welche Anforderungen sie an die Gießerei stellen, ist aus
Abb. 108 zu erkennen.

Abb. 107. Kreiselverdichter (Bauart BBC). Ein Kühlerbündel wird mit zugehöriger Ausbau-
vorrichtung gerade herausgehoben.

Bei festen Leiträdern sind die Leitschaufeln mit der Tragwand
des Leitapparates zusammengegossen. Die Deckwand wird mit der
Tragwand verschraubt.

Die Wirkungsweise des Ausgleichkolbens wird durch Abb. 109
erklärt. Der Raum a steht mit dem Saugstutzen in Verbindung, während im Raum c der Enddruck des Verdichters herrscht. Im Beharrungszustand stellt sich im Raume b ein Zwischendruck ein, der etwas höher
ist als der Druck im Saugstutzen. Wird der Axialschub größer, so verschiebt sich der Läufer etwas nach der Saugseite hin. Dadurch ver-
engen sich die Drosselstellen bei d und erweitern sich bei e. Infolgedessen
sinkt der Druck im Raume b, die Ausgleichkraft vergrößert sich entsprechend, so daß der Läufer wieder nach der Druckseite geschoben
wird, bis sich der Beharrungszustand einstellt. Die Dichtungsstreifen
der Labyrinthdichtungen bestehen aus Hartblei oder Aluminium. Der
Ausgleichkolben bildet gleichzeitig die Abdichtung der Druckseite des
Verdichters nach außen.

Als Werkstoff für die Laufräder kommt je nach der Beanspruchung SM-Stahl, Nickelstahl oder Chromnickelstahl zur Verwendung. Das Laufrad (Abb. 110) besteht aus Deckscheibe (*1*) mit Einlaufring (*2*), Nabenscheibe (*3*) mit Nabe (*4*) und Schaufeln (*5*). Die Schaufeln werden mit Nietzapfen, die aus der vollen Schaufel herausgefräst sind, mit Nabenscheibe und Deckscheibe vernietet oder die Schaufeln werden ⊔- oder ⌐-förmig gebogen und es wird durch Schaufelflansch und Deckscheiben genietet. Deckscheibe und Einlaufring, sowie Nabenscheibe und Nabe werden mitunter aus einem Stück geschmiedet.

38. Kennlinien.

Der theoretische Zusammenhang zwischen den Fördermengen (Q oder V), den Förderdrücken (h oder p) und den Drehzahlen (n) ist der gleiche wie bei den Kreiselpumpen. Es ist also:

Abb. 108. Unterteil des Verdichtergehäuses zu einem Kreiselverdichter von 70000 m³/h; 7 ata; 2950 U/min; 7200 PS. (BBC.)

$$\frac{p}{p'} = \frac{n^2}{n'^2};$$ d. h. der Förderdruck ändert sich mit dem Quadrate der Drehzahländerung.

$$\frac{V}{V'} = \frac{n}{n'};$$ d. h. die Fördermenge ist proportional der Drehzahländerung.

$$\frac{N}{N'} = \frac{n^3}{n'^3};$$ d. h. der Kraftbedarf ändert sich mit der 3. Potenz der Drehzahländerung.

Um einen Überblick über das Verhalten von Lüftern, Gebläsen und Verdichtern im praktischen Betriebe zu haben, wird der Zusammenhang zwischen angesaugter Flüssigkeitsmenge (Q oder V), Förderdruck und Drehzahl

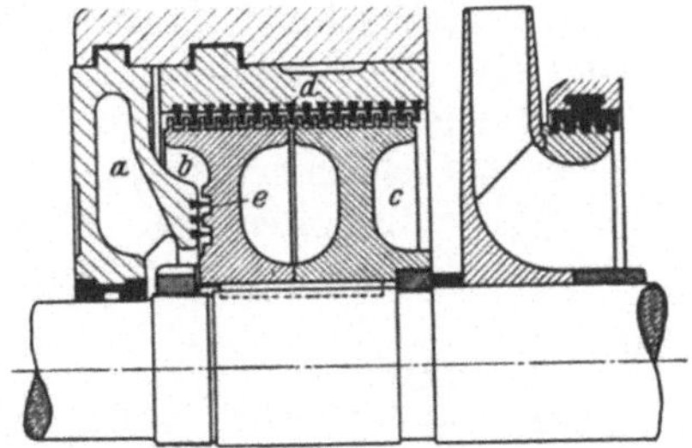

Abb. 109. Ausgleichkolben (Bauart BBC).

graphisch durch die Druck-Volumen-Kurve dargestellt, die man Kennlinie oder Charakteristik nennt.

In Abb. 111 ist zunächst gezeigt, welchen Einfluß die Schaufelform auf die Kennlinien hat. Die theoretische Druck-Volumen-Kurve eines verlustlosen Kreiselrades ist eine Gerade $\overline{AB}$. Praktisch treten Reibungsverluste (Fläche ABC), die sich mit dem Quadrat der Fördermengen ändern, und Stoßverluste (Fläche $ACED$) auf. Diese Verluste bewirken einen Druckabfall, so daß die wirkliche Druck-Volumen-Kurve nach DE verläuft.

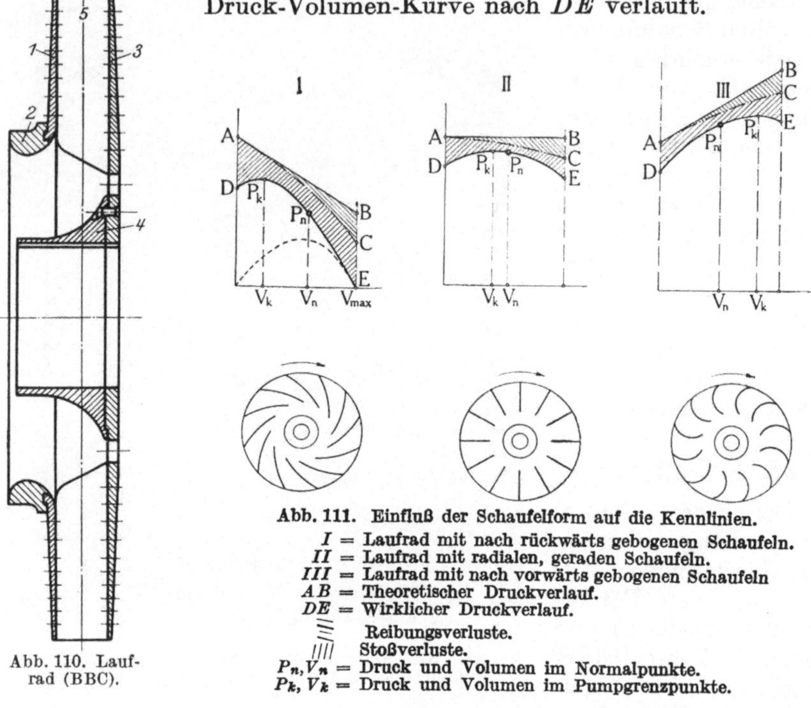

Abb. 111. Einfluß der Schaufelform auf die Kennlinien.

I = Laufrad mit nach rückwärts gebogenen Schaufeln.
II = Laufrad mit radialen, geraden Schaufeln.
III = Laufrad mit nach vorwärts gebogenen Schaufeln
AB = Theoretischer Druckverlauf.
DE = Wirklicher Druckverlauf.
Reibungsverluste.
Stoßverluste.
P_n, V_n = Druck und Volumen im Normalpunkte.
P_k, V_k = Druck und Volumen im Pumpgrenzpunkte.

Abb. 110. Laufrad (BBC).

Die Abb. 112 stellt Typenkennlinien einer Lüftertype dar. Die Kennlinien der Abb. 112 gehören zu einem Ventilator, dessen schematischer Querschnitt in Abb. 97 und dessen Laufrad in Abb. 98 gezeigt ist. Der Ventilator hat leicht rückwärts gekrümmte Schaufeln. Die Bezeichnungen in den Kennlinien Abb. 112 bedeuten:

φ = Lieferkurve, ψ — Druckkurve, λ = Leistungskurve und η = Wirkungsgradkurve. Abszissen und Ordinaten sind mit logarithmischer Teilung versehen. Auf der Abszisse sind Werte aufgetragen für:

$$\sigma = \frac{p_d}{p_2 - p_1}$$

p_d = dynamische Höhe, p_1 = statische Höhe vor der Schaufel, p_2 = statische Höhe hinter der Schaufel[1].

Die Kennlinie für Gebläse und Verdichter ist allgemein in

___
[1] Berlowitz: Artschaubilder und Auswahl von Lüftern. Z. V. d. I. 1925, S. 36 u. 127.

Abb. 113 dargestellt. Man erkennt daraus, daß die größte Flüssigkeits·
menge V_{max} gefördert wird, wenn kein Gegendruck (P_0) vorhanden ist.
Mit steigendem Gegendruck nimmt die Fördermenge ab, beim Normal-
druck P_n beträgt sie V_n. Der höchste Druck wird im kritischen Punkte
P_k erreicht. Bei noch kleinerer Fördermenge sinkt der Druck, bis er
bei Nullförderung den Leerlaufdruck P_l erreicht.

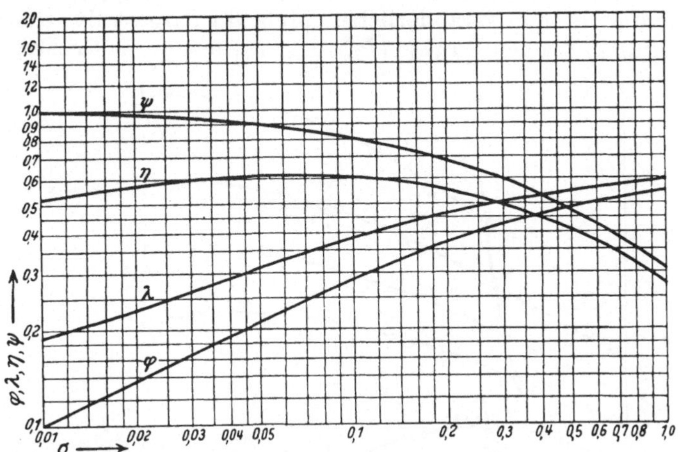

Abb. 112. Typenkennlinien von Lüftern mit rückwärts gekrümmten Schaufeln
(Kiefer, Stuttgart-Feuerbach).

Es sei nun angenommen, der Verdichter arbeite auf ein Druckluft-
netz normalerweise mit dem Druck P_n und der Fördermenge V_n.
Wird die Entnahme geringer, so steigt der Druck, um bei einer Entnahme V_k den kritischen Wert P_k zu erreichen. Sinkt der Verbrauch
noch unter den kritischen Wert V_k,
so sinkt der Verdichterdruck. Der
Netzdruck ist jetzt höher als der
Verdichterdruck, infolgedessen strömt
Flüssigkeit aus dem Netz in den Verdichter zurück. Der Verdichter hört
auf zu fördern, sein Betriebszustand
verschiebt sich plötzlich nach P_l, zu
dem ein Druck p_l gehört. Die im Netz
aufgespeicherte Flüssigkeit fließt teils
nach den Entnahmestellen, teils rückwärts durch den Verdichter ab. Ist
der Netzdruck auf p_l gesunken, so
fängt der Verdichter wieder an zu
fördern, und zwar mit der Fördermenge V_l' entsprechend dem Leerlaufdruck p_l; der Betriebszustand springt

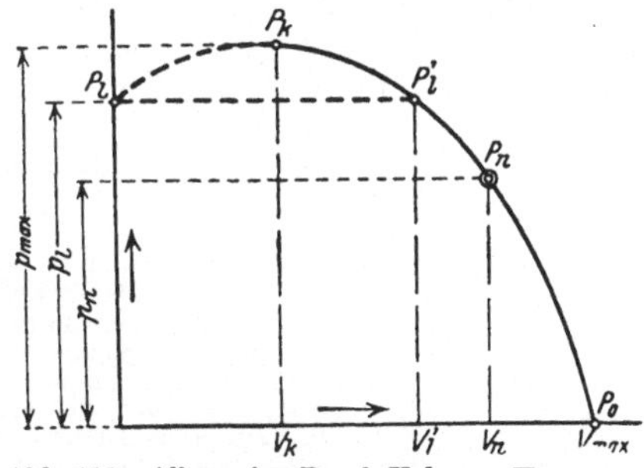

Abb. 113. Allgemeine Druck-Volumen-Kurve
eines Kreiselverdichters.

$p_n V_n$ = Druck und Volumen im Nor-
malpunkte P_n.
$p_{max} V_k$ = Druck und Volumen im
Pumpgrenzpunkt P_k.
p_1 = Druck im Punkte P_1 (Vo-
lumen = 0).
$P_0 P_n \; P_l' P_k P_1$ = Betriebspunkte.

also plötzlich von P_l nach P_l' über. Da aber V_l' größer ist als der Bedarf,
wiederholt sich das Spiel. Diese Erscheinung nennt man das „Pumpen“

der Verdichter; es macht sich im praktischen Betriebe durch dumpfe
Lärmstöße bemerkbar. Das Pumpen stellt sich nun auf dem ansteigen-
den Aste $P_l \ldots P_k$ der Druck-Volumenkurve ein, deshalb muß der
kritische Punkt P_k möglichst nahe an der Nullförderung liegen. Aus
diesem Grunde sind Gebläse und Verdichter mit radialen oder vorwärts gekrümmten Schaufeln (Abb. 111) unbrauchbar.

In Abb. 114 ist ein vollständiges Kennliniendiagramm für einen
Kreiselverdichter mit veränderlicher Drehzahl dargestellt. Durch Verbindung der kritischen Punkte (P_{k_3}, P_k, P_{k_2} usw.) der Druckvolumen-

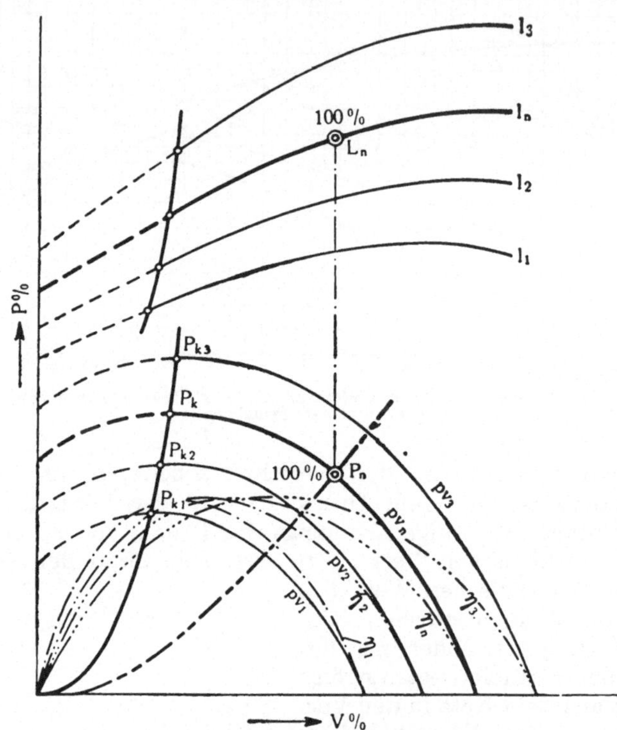

Abb. 114. Druck-Volumen- und Leistungs-Kennlinien eines Kreiselverdichters
bei veränderlicher Drehzahl.

pv_n = Druckvolumenkurve bei normalen Drehzahlen.
pv_1, pv_2 = Desgleichen bei $n_1, n_2 \ldots$
P_n = Normalpunkt bei Drehzahl n.
P_k = Pumpgrenze bei Drehzahl n.
P_{k_1}, P_{k_2} = bei Drehzahl $n_1 \, n_2 \ldots$
L_n = Leistungsbedarf im Normalpunkt P_n.
l_n = Leistungskurve bei Drehzahl n.
$l_1 \, l_2$ = Leistungskurve bei Drehzahl $n_1, n_2 \ldots$
η, η_1, η_2 = Wirkungsgradkurven bei Drehzahl $n, n_1, n_2 \ldots$

kurven erhält man die Pumpgrenzkurve. Die Pumpgrenzkurve trennt
den labilen (links) und den stabilen (rechts) Arbeitsbereich voneinander.

Das Pumpen kann verhütet werden:

1. Durch Verwendung eines Ausblaseventils. Sobald der kritische
Druck P_k erreicht wird, öffnet sich selbsttätig ein Ausblaseventil,

durch das ein Teil der Druckluft ins Freie tritt. Die Fördermenge kann nicht unter den Wert V_k sinken.

2. Durch Änderung der Drehzahl. Man erkennt aus Abb. 114, daß bei Verringerung der Drehzahl der kritische Punkt P_k mehr und mehr nach links, zur Nullförderung hin, wandert.

3. Durch Drosselung im Saugstutzen. Ähnlich wie bei Drehzahländerung werden die Druckvolumenkurven unter gleichzeitiger Herabsetzung der Drücke und Fördermengen nach links gedrängt.

4. Durch Anwendung drehbarer Leitschaufeln nach Brown, Boveri & Cie. (Abb. 115). Bei kleineren Fördermengen werden die Leitschaufeln

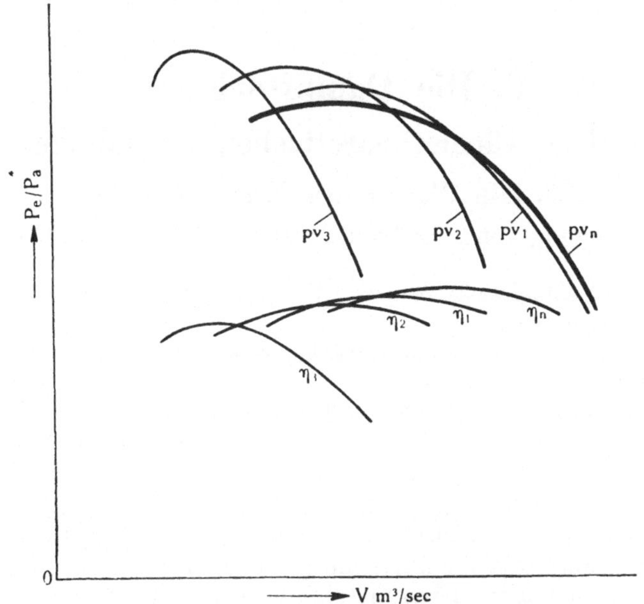

Abb. 115. Kennlinien eines einstufigen Kreiselgebläses bei unveränderlicher Drehzahl und verstellbaren Leitschaufeln (BBC).

pv_n = Druckvolumenkurve
η_n = Wirkungsgradkurve $\Big\}$ bei ganz offenem Diffusor.
pv_1, pv_2 und η_1, η_2 = Bei verschiedenen Diffusoröffnungen.

von Hand oder selbsttätig verstellt, so daß die Leitschaufelöffnungen sich verkleinern. Dabei bleibt die Drehzahl unverändert. Für die verschiedenen Leitschaufelöffnungen sind die Druckvolumenkurven (pv_1, pv_2, pv_3) in Abb. 115 zusammengestellt. Man erkennt, daß trotz kleiner werdender Fördermenge der Druck hoch bleibt. Die Hüllkurve aller Druckvolumenkurven stellt die Begrenzung des stabilen Arbeitsgebietes dar. Der kritische Punkt ist bis nahezu an die Nullförderung verschoben.

Hinsichtlich Wirkungsgrad ist die Regelung durch verstellbare Leitschaufeln die beste von allen[1].

---

[1] Flügel: Das allgemeine Verhalten der Kreiselverdichter. Z. V. d. I. 1919, S. 455; 1920, S. 1027.

Literaturnachweis.

Hinz, A.: Thermodynamische Grundlagen der Kolben- und Turbokompressoren, 2. Aufl. 1927. Mit 73 Abb., 20 graphischen Berechnungstafeln und 19 Zahlentafeln.

Ostertag, P.: Kolben- und Turbokompressoren, Theorie und Konstruktion, 3. Aufl. 1923. Mit 358 Abb.

— Die Entropietafel für Luft und ihre Verwendung zur Berechnung der Kolben- und Turbokompressoren, 2. Aufl. 1922. Mit 18 Abb. und 2 Diagrammtafeln.

Eck-Kearton: Turbogebläse und Turbokompressoren. 1929. Mit 266 Abb.

— Regeln für Leistungsversuche an Ventilatoren und Kompressoren. Aufgestellt vom V. d. I. und V. D. M. A. Mit 56 Abb. und vielen Zahlentafeln. 1926.

V. Die Dampfturbinen.

A. Die wärmetheoretischen Grundlagen.

39. Die Wärme des Wasserdampfes.

Zur Erzeugung von 1 kg Dampf aus 1 kg Wasser von 0^0 C werden aufgewendet:

a) die Flüssigkeitswärme q zur Erwärmung des Wassers von 0^0 C auf Siedetemperatur,

b) die innere Verdampfungswärme ϱ zur restlosen Verdampfung des Wassers,

c) die äußere Verdampfungswärme $A \cdot p \cdot u$ zur Raumschaffung.

Damit wird die Gesamtwärme des trockenen Sattdampfes:

$$\left| \lambda_s = q + \varrho + A \cdot p \cdot u \right| \dots \text{kcal/kg} . \qquad (54)$$

Bei dem trockenen Sattdampf sind die Temperatur t^0 C und das spezifische Volumen $v_s \dots \text{m}^3/\text{kg}$ durch den Druck $p \dots \text{kg/cm}^2$ gegeben und in den Dampftabellen zusammengestellt. Aus p und v_s ergibt sich die obere Grenzkurve, deren Gesetz: $p^{15/16} \cdot v_s = 1{,}7235$ ist; sie trennt das Naßdampfgebiet vom Heißdampfgebiet (vgl. Abb. 116 und 117).

Der Wärmeinhalt von 1 kg trockenem Sattdampf beträgt rund:

$$\left| i_s = \lambda_s \right| \dots \text{kcal/kg} . \qquad (55)$$

Der feuchte Dampf enthält Wasser in fein verteilter Form als Nebel; er besteht aus x kg trockenem Sattdampf und $(1-x)$ kg Wasser. Sein spezifisches Volumen ist:

$$v = x \cdot v_s + (1-x) \cdot \sigma \dots \text{m}^3/\text{kg} ,$$

wobei $\sigma \dots \text{m}^3/\text{kg}$ der Rauminhalt von 1 kg Wasser ist. Da $(1-x) \cdot \sigma$ sehr klein ist, gilt praktisch

$$\left| v = x \cdot v_s \right| \dots \text{m}^3/\text{kg} . \qquad (56)$$

Mit der Gesamtwärme $\lambda = q + x (\varrho + A \cdot p \cdot u)$ wird der Wärmeinhalt praktisch:

$$\left| i = \lambda \right| \dots \text{kcal/kg} . \qquad (57)$$

Aus $p^{15/16} \cdot v = x \cdot 1{,}7235$ erhält man Kurven gleicher Feuchtigkeit (vgl. Abb. 116 und 117).

Der überhitzte Dampf oder Heißdampf entsteht, wenn man trockenem Sattdampf bei gleichbleibendem Druck weiterhin Wärme zuführt. Die Gesamtwärme ist:

$$\left| \lambda_{\ddot{u}} = \lambda_s + c_{p_m}(t_{\ddot{u}} - t_s) \right| \ldots \text{kcal/kg} \,. \tag{58}$$

Darin ist $t_{\ddot{u}}$ die Temperatur und c_{p_m} die mittlere spezifische Wärme des Heißdampfes; letztere ist Tabellen zu entnehmen. Der Wärmeinhalt ist praktisch:

$$\left| i_{\ddot{u}} = \lambda_{\ddot{u}} \right| \ldots \text{kcal/kg} \,. \tag{59}$$

Heißdampf ähnelt den Gasen, daher gilt für ihn eine Zustandsgleichung (Linde):

$$\left| p(v + 0{,}016) = 47{,}1 \cdot T \right|; \qquad T = t_{\ddot{u}} + 273^0 \,. \tag{60}$$

40. Die Entropie des Wasserdampfes.

1. Entropie des Wassers:

$$S_{\overline{W}} = 2{,}3 \cdot \log \frac{T_s}{273}; \qquad T_s = t_s + 273 \,.$$

Für die verschiedenen Drucke und Temperaturen erhält man damit die untere Grenzkurve (Abb. 116).

2. Entropie des trockenen Sattdampfes:

$$S_S = 2{,}3 \cdot \log \frac{T_s}{273} + \frac{r}{T_s}; \qquad r = \varrho + A \cdot p \cdot u \,.$$

Damit erhält man die obere Grenzkurve (Abb. 116).

3. Entropie des feuchten Dampfes:

$$S = 2{,}3 \cdot \log \frac{T_s}{273} + x \cdot \frac{r}{T} \,;$$

$x =$ Dampfgehalt des feuchten Dampfes. Daraus erhält man Kurven gleicher Feuchtigkeit ($x = 0{,}9$; $x = 0{,}8$; Abb. 116).

4. Entropie des Heißdampfes:

$$S_{\ddot{u}} = 2{,}3 \cdot \log \frac{T_s}{273} + \frac{r}{T_s} + 2{,}3 \cdot c_{p_m} \cdot \log \frac{T}{T_s} \,,$$

$$T = t_{\ddot{u}} + 273 \,.$$

Für die verschiedenen Drucke, Temperaturen und Entropiewerte ergibt sich das Temperatur-Entropie-(T—S-)Diagramm für Wasserdampf (Abb. 116). Die Wärmemengen sind im T—S-Diagramm durch Flächen dargestellt. Bei adiabatischer Ausdehnung von z. B. 20 ata und 300° C auf 0,1 ata (Strecke ab der Abb. 116) kann theoretisch eine Wärmemenge in Arbeit umgewandelt werden, die der Fläche $abcdea$ entspricht.

Trägt man die Wärmeinhalte ($i = \sim \lambda$ aus den Dampftabellen) für die verschiedenen Drucke und Temperaturen als Ordinaten zu den nach obigen Gleichungen errechneten Entropiewerten als Abszissen auf, so erhält man das Wärmeinhalt-Entropie- oder J—S-Diagramm

(Abb. 117). Praktische Verwendung findet von diesem Diagramm nur der obere Teil, den man als „Mollier-Tafel" bezeichnet. Der Vorteil dieses Diagramms ist, daß man die ausnützbaren Wärmemengen bei adiabatischer Ausdehnung als Strecken ablesen kann, während sie im T—S-Diagramm durch

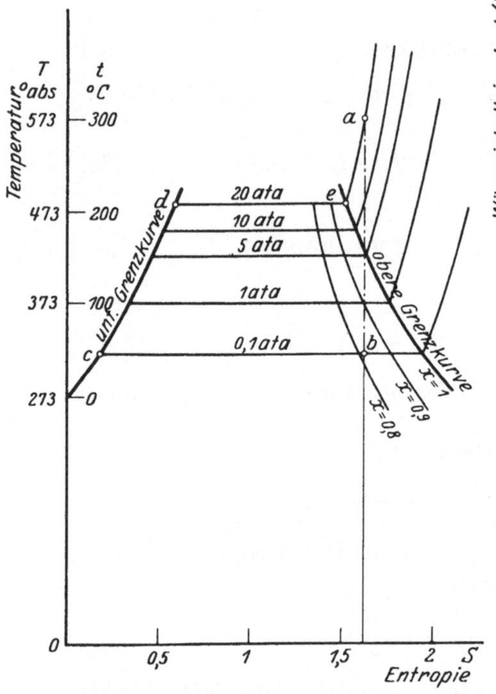

Abb. 116. T—S-Diagramm für Wasserdampf.

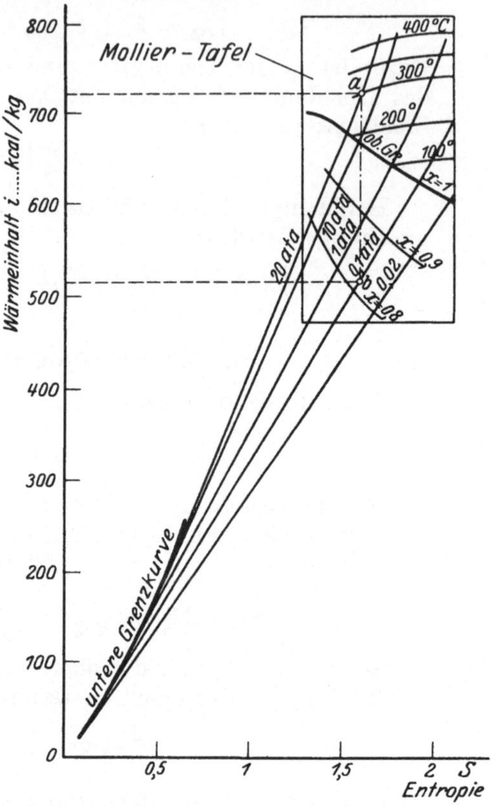

Abb. 117. J—S-Diagramm für Wasserdampf.

Flächen dargestellt sind. Z. B. entspricht die Wärmemenge der Strecke ab in Abb. 117 der Wärmemenge, die durch Fläche $abcdea$ in Abb. 116 dargestellt ist (von 20 ata und 300° C auf 0,1 ata).

41. Zustandsänderungen des Dampfes.

a) Die Adiabate. In der Grundgleichung

$$p \cdot v^k = \text{const}$$

ist zu setzen:

$$k = 1{,}035 + 0{,}1 \cdot x$$

für feuchten Dampf vom anfänglichen Dampfgehalt x,

$$k = 1{,}135$$

für trockenen Sattdampf,

$$k = 1{,}3 \ (1{,}33)$$

für Heißdampf.

Aus $p_1 \cdot v_1^k = p_2 \cdot v_2^k$ folgt:

$$\frac{p_2}{p_1} = \left(\frac{v_1}{v_2}\right)^k ; \qquad \frac{v_1}{v_2} = \left(\frac{p_2}{p_1}\right)^{\frac{1}{k}} ;$$

aus $\dfrac{\dfrac{p_2}{p_1}}{\dfrac{v_1}{v_2}} = \dfrac{\left(\dfrac{v_1}{v_2}\right)^k}{\dfrac{v_1}{v_2}}$ wird: $\dfrac{p_2 \cdot v_2}{p_1 \cdot v_1} = \left(\dfrac{v_1}{v_2}\right)^{k-1}$ und $\dfrac{p_2 \cdot v_2}{p_1 \cdot v_1} = \left(\dfrac{p_2}{p_1}\right)^{\frac{k-1}{k}}.$

Die Arbeit (Abb. 118) beträgt:

$$L = \frac{k}{k-1}\,(p_1 \cdot v_1 - p_2 \cdot v_2) \ldots \text{mkg/kg} ,$$

$$L = \frac{k}{k-1} \cdot p_1 \cdot v_1 \left(1 - \frac{p_2 \cdot v_2}{p_1 \cdot v_1}\right)$$

oder

$$L = \frac{k}{k-1} \cdot p_1 \cdot v_1 \left[1 - \left(\frac{p_2}{p_1}\right)^{\frac{k-1}{k}}\right] \ldots \text{mkg/kg} .$$

Im T—S- und J—S-Diagramm ist die Adiabate eine senkrechte Gerade, da die Entropie $S = $ const bleibt.

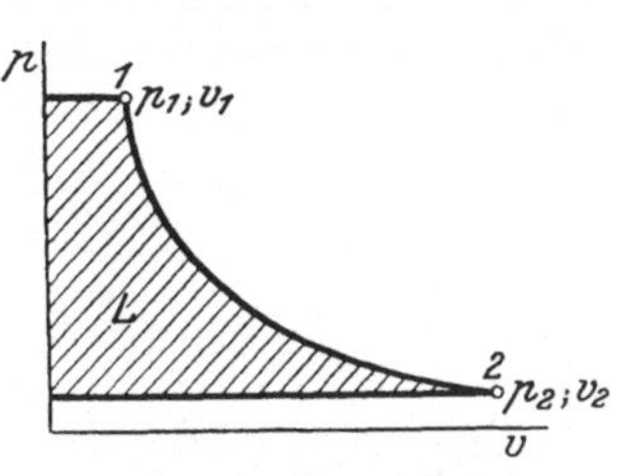

Abb. 118. Arbeitsdiagramm
(p—v-Diagramm).

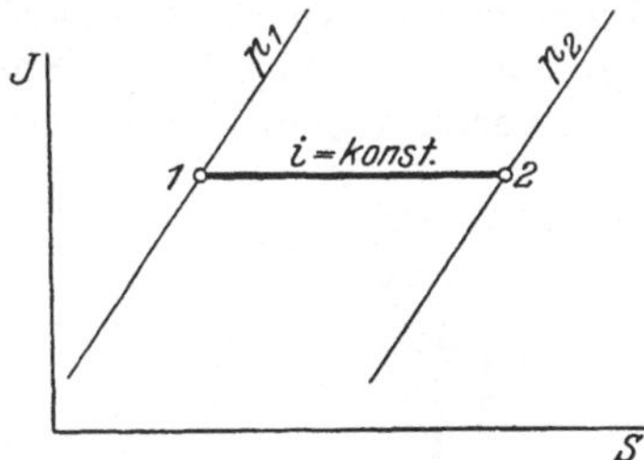

Abb. 119. Drosselvorgang.

b) Die Drosselkurve (Abb. 119). Beim theoretischen Drosselvorgang sinken Druck und Temperatur, der Wärmeinhalt i dagegen bleibt gleich. Im J—S-Diagramm stellt sich der Drosselvorgang als eine Gerade parallel zur S-Achse dar.

42. Die Dampfdüse.

1 kg Dampf expandiert adiabatisch vom Anfangszustand *1* auf den Endzustand *2'* (Abb. 120). Aus der J—S-Tafel läßt sich dafür ein „adiabatisches Wärmegefälle" $\Delta i = i_1 - i_2 \ldots$ kcal/kg ablesen. das zur Erzeugung der theoretischen Endgeschwindigkeit c_0 verwendet wird. Δi kcal/kg ergeben eine Arbeit

$$L = \frac{\Delta i}{A} = 427 \cdot \Delta i \ldots \text{mkg/kg} \ldots \text{m} .$$

Nach der Gleichung $c_0 = \sqrt{2g \cdot H}$ wird mit $H = L$

$$\left| c_0 = \sqrt{2g \cdot 427 \cdot \Delta i} = 91{,}5 \cdot \sqrt{\Delta i} \right| \ldots \text{m/s} . \qquad (61)$$

7*

In Wirklichkeit wird ein Teil des Wärmegefälles durch die Reibung
des Dampfes an der Düsenwand verbraucht. Man berücksichtigt das
durch den „Geschwindigkeitsbeiwert der Düse" φ_d. Die wirkliche Geschwindigkeit ist dann:

$$c_1 = \varphi_d \cdot c_0 \ldots \text{m/s} \quad \text{mit} \quad \varphi_d = 0{,}92 \text{ bis } 0{,}97\,.$$

Der Energieverlust q_d berechnet sich zu:

$$\frac{c_0^2}{2g} - \frac{c_1^2}{2g} = \frac{c_0^2 - \varphi_d^2 \cdot c_0^2}{2g} = (1 - \varphi_d^2) \cdot \frac{c_0^2}{2g},$$

$$\left| q_d = (1 - \varphi_d^2) \cdot \Delta i \right| \ldots \text{kcal/kg}\,. \tag{62}$$

Man nennt q_d den „kinetischen Düsenverlust".

Beispiel. 1 kg Dampf expandiert von 8 ata und 300⁰ C Überhitzung auf
1,2 ata. Wie groß ist Endgeschwindigkeit und Düsenverlust bei $\varphi_d = 0{,}95$?

Theoretische Geschwindigkeit: $c_0 = 91{,}5 \cdot \sqrt{\Delta i}$. $\Delta i = 95$ kcal/kg aus der Molliertafel abgelesen.

$$c_0 = 91{,}5 \cdot \sqrt{95} = 891 \text{ m/s}\,.$$

Die wirkliche Geschwindigkeit ist:

$$c = \varphi_d \cdot c_0 = 0{,}95 \cdot 891 = 847 \text{ m/s}\,.$$

Düsenverlust:

$$q_d = (1 - \varphi_d^2) \cdot \Delta i = (1 - 0{,}95^2) \cdot 95 = 9{,}5 \text{ kcal/kg}\,.$$

Trägt man q_d von $2'$ aus zurück (Abb. 120), so erhält man in 2 auf
der p_2-Linie den wirklichen Endzustand am Düsenaustritt. Die Expansion verläuft noch der Polytrope $1 \ldots 2$.

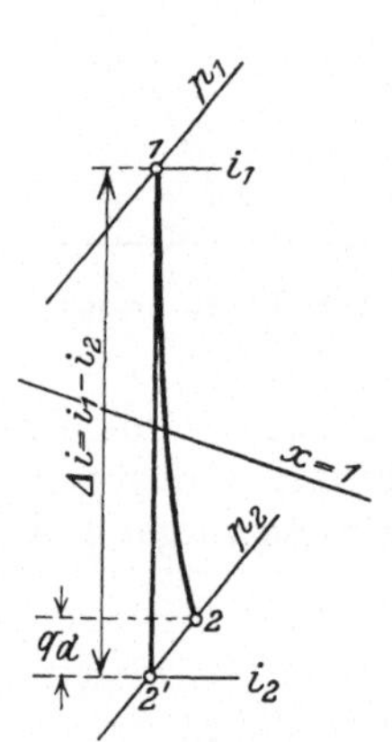

Abb. 120. Expansion
in der Dampfdüse.

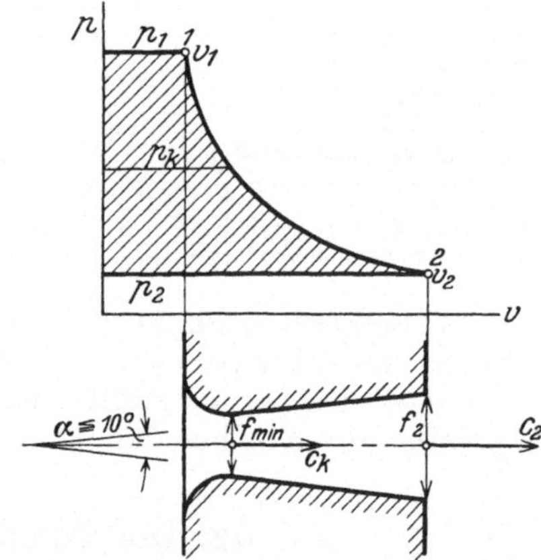

Abb. 121. p—v-Diagramm und Dampfdüse.

Für den Durchfluß des Dampfes durch die Düse gilt die Stetigkeitsgleichung
$$G \cdot v = f \cdot c\,.$$

Da das sekundliche Dampfgewicht $G = $ const bleibt, ist

$$G = \frac{f \cdot c}{v} = \text{const} \quad \text{oder} \quad \frac{f_1 \cdot c_1}{v_1} = \frac{f_2 \cdot c_2}{v_2}\,.$$

Der Düsenquerschnitt ist also an jeder Stelle von dem spezifischen
Volumen $v \ldots$ m³/kg und der Dampfgeschwindigkeit $c \ldots$ m/s abhängig.
Aus den p—v-Diagrammen (Abb. 121) erkennt man, daß zunächst bei

Fallen des Druckes p die Geschwindigkeit c rasch steigt, während das spez. Volumen v langsam zunimmt. Der Querschnitt f wird kleiner. Gegen Ende der Expansion wächst v sehr rasch, c aber langsamer, d. h. f wird größer. Dazwischen liegt ein kleinster Querschnitt f_{min}, den man kritischen Querschnitt nennt; in ihm herrscht der kritische Druck p_k und die kritische Geschwindigkeit c_k. Es ist:

$$c_0 = \sqrt{2g \cdot L} = \sqrt{2g \frac{k}{k-1} p_1 \cdot v_1 \left[1 - \left(\frac{p_2}{p_1}\right)^{\frac{k-1}{k}}\right]} \ldots \text{m/s},$$

$$G = \frac{f_2 \cdot c_0}{v_2}; \qquad \frac{v_2}{v_1} = \left(\frac{p_1}{p_2}\right)^{\frac{1}{k}}; \qquad v_2 = v_1 \left(\frac{p_1}{p_2}\right)^{\frac{1}{k}},$$

$$G = \frac{f_2 \cdot \sqrt{2g \frac{k}{k-1} \cdot p_1 \cdot v_1 \left[1 - \left(\frac{p_2}{p_1}\right)^{\frac{k-1}{k}}\right]}}{v_1 \left(\frac{p_1}{p_2}\right)^{\frac{1}{k}}}$$

$$= f_2 \sqrt{2g \frac{k}{k-1} \left[\left(\frac{p_2}{p_1}\right)^{\frac{2}{k}} - \left(\frac{p_2}{p_1}\right)^{\frac{k+1}{k}}\right] \cdot \frac{p_1}{v_1}},$$

$$\left(\frac{p_2}{p_1}\right)^{\frac{2}{k}} - \left(\frac{p_2}{p_1}\right)^{\frac{k+1}{k}} = y \text{ gesetzt;} \qquad G = f_2 \sqrt{2g \frac{k}{k-1} \frac{p_1}{v_1} \cdot y} \ldots \text{kg/s}.$$

Man erkennt: f_2 wird ein Minimum, wenn y ein Maximum wird. Man muß also die erste Ableitung dieses Ausdruckes bilden und gleich 0 setzen.

$$y = \left(\frac{p_2}{p_1}\right)^{\frac{2}{k}} - \left(\frac{p_2}{p_1}\right)^{\frac{k+1}{k}}; \qquad y' = \frac{2}{k}\left(\frac{p_2}{p_1}\right)^{\frac{2-k}{k}} - \frac{k+1}{k}\left(\frac{p_2}{p_1}\right)^{\frac{1}{k}} = 0;$$

$$\frac{k+1}{k}\left(\frac{p_2}{p_1}\right)^{\frac{1}{k}} = \frac{2}{k}\left(\frac{p_2}{p_1}\right)^{\frac{2-k}{k}}; \qquad \frac{2}{k-1}\left(\frac{p_2}{p_1}\right)^{\frac{2-k}{k}} = \left(\frac{p_2}{p_1}\right)^{\frac{1}{k}};$$

$$\frac{2}{k+1} = \left(\frac{p_2}{p_1}\right)^{\frac{1}{k} - \left(\frac{2-k}{k}\right)} = \left(\frac{p_2}{p_1}\right)^{\frac{k-1}{k}}.$$

Daraus:

$$\frac{p_2}{p_1} = \left(\frac{2}{k+1}\right)^{\frac{k}{k-1}};$$

$p_2 = p_k$ ist der kritische Druck. Also wird:

$$\left| p_k = \left(\frac{2}{k+1}\right)^{\frac{k}{k-1}} \cdot p_1 \right|.$$

Aus dieser Gleichung ergibt sich:

für trockenen Sattdampf mit $k = 1{,}135$:

$$\left| p_k = 0{,}577 \cdot p_1 \right|, \tag{63}$$

für Heißdampf mit $k = 1{,}3$:

$$\left| p_k = 0{,}546 \cdot p_1 \right|. \tag{63a}$$

Die kritische Geschwindigkeit wird:

$$c_k = \sqrt{2g\,\frac{k}{k-1}\cdot p_1\cdot v_1\left[1-\left(\frac{p_k}{p_1}\right)^{\frac{k-1}{k}}\right]},$$

$$c_k = \sqrt{2g\,\frac{k}{k-1}\,p_1\cdot v_1\left[1-\left(\left[\frac{2}{k+1}\right]^{\frac{k}{k-1}}\right)^{\frac{k-1}{k}}\right]},$$

$$c_k = \sqrt{2g\,\frac{k}{k-1}\,p_1\cdot v_1\left(1-\frac{2}{k+1}\right)} = \sqrt{2g\,\frac{k}{k-1}\,p_1\cdot v_1\cdot\frac{k-1}{k+1}},$$

$$\left|\,c_k = \sqrt{2g\,\frac{k}{k+1}\cdot p_1\cdot v_1}\,\right|\ldots \text{m/s}. \tag{64}$$

Der kritische Druck und die kritische Geschwindigkeit sind also nur vom Anfangsdruck p_1, vom Anfangsvolumen v_1 und vom adiabatischen Exponenten k abhängig.

a) Für trockenen Sattdampf ist:

$$k = 1{,}135;\quad \left|\,c_k = 323\,\sqrt{p_1\cdot v_1}\,\right|\ldots\text{m/s};\quad p_1 \text{ in kg/cm}^2;\quad v_1 \text{ in m}^3/\text{kg}.$$

Der kritische Querschnitt wird:

$$f_{\min} = \frac{G\cdot v_k}{c_k} = \frac{G\cdot v_k}{323\,\sqrt{p_1\cdot v_1}};\qquad v_k = v_1\left(\frac{p_1}{p_k}\right)^{\frac{1}{k}},$$

$$p_k = 0{,}577\cdot p_1;\qquad v_k = v_1\left(\frac{p_1}{0{,}577\cdot p_1}\right)^{\frac{1}{k}} = v_1\cdot\left(\frac{1}{0{,}577}\right)^{\frac{1}{1{,}135}} = 1{,}63\cdot v_1,$$

$$\left|\,f_{\min} = \frac{1{,}63\cdot G\cdot v_1}{323\,\sqrt{p_1\cdot v_1}} = \frac{1{,}63}{323}\,\frac{G\cdot\sqrt{v_1}}{\sqrt{p_1}} = \frac{1}{199}\,\frac{G}{\sqrt{\dfrac{p_1}{v_1}}}\,\right|\ldots\text{m}^2\ldots \tag{65}$$

b) Für Heißdampf ist:

$$k = 1{,}3;\quad \left|\,c_k = 333\,\sqrt{p_1\cdot v_1}\,\right|\ldots\text{m/s};\quad p_1 \text{ in kg/cm}^2;\quad v_1 \text{ in m}^3/\text{kg}$$

und der kritische Querschnitt

$$f_{\min} = \frac{G\cdot v_k}{c_k} = \frac{G\cdot v_k}{333\,\sqrt{p_1\cdot v_1}}\ldots\text{m}^2$$

mit $p_k = 0{,}546\cdot p_1$　wird　$v_k = v_1\cdot\left(\frac{1}{0{,}546}\right)^{\frac{1}{1{,}3}} = 1{,}6\cdot v_1,$

$$\left|\,f_{\min} = \frac{1{,}6\cdot G\cdot v_1}{333\,\sqrt{p_1\cdot v_1}} = \frac{G}{209\,\sqrt{\dfrac{p_1}{v_1}}}\,\right|\ldots\text{m}^2. \tag{65a}$$

Ist der Gegendruck p_2 kleiner als der kritische Druck p_k, so ist die Düse nach dem Austritt hin erweitert. Nach dem Erfinder Gustav de Laval wird diese Düse Lavaldüse genannt. Da die Schallgeschwindigkeit — mit der kritischen Geschwindigkeit übereinstimmend — des Dampfes im kritischen Querschnitt erreicht wird, arbeitet die Lavaldüse mit Überschallgeschwindigkeit.

Die Abmessungen der Lavaldüse ergeben sich auf f_{min}; $f_2 = \dfrac{G \cdot v_2}{c_1}$ und dem Düsenwinkel $\alpha \leq 10^0$ (Abb. 121).

In einer parallelwandigen Düse erreicht die Dampfgeschwindigkeit höchstens die Schallgeschwindigkeit oder bleibt darunter (Düse mit Unterschallgeschwindigkeit). Dann ist $p_2 \geqq p_k$ und $c_1 \leqq c_k$.

Beispiel. Eine Lavaldüse mit rundem Querschnitt zu berechnen für $p_1 = 10$ ata, $t_1 = 300^0$ C, $p_2 = 2$ ata und eine Dampfmenge $G = 360$ kg/h. $\varphi_d = 0,96$. Das Wärmegefälle beträgt nach Molliertafel:

$$\Delta i = 82,5 \text{ kcal/kg.}$$

Das sekundlich durch die Düse strömende Dampfgewicht ist

$$G = \frac{360}{60 \cdot 60} = 0,1 \text{ kg/s.}$$

Kritischer Druck für Heißdampf:

$$p_k = 0,546 \cdot p_1 = 0,546 \cdot 10 = 5,46 \text{ ata.}$$

Kritische Geschwindigkeit:

$$c_k = 333 \sqrt{p_1 \cdot v_1} = 333 \sqrt{10 \cdot 0,2684} = 546 \text{ m/s.}$$

Darin ist:

$$v_1 = \frac{47,1 \cdot T_1}{p_1} - 0,016 = \frac{47,1 \cdot (300 + 273)}{10 \cdot 10000} - 0,016 = 0,2684 \text{ m}^3/\text{kg.}$$

Kritischer Querschnitt:

$$f_{min} = \frac{G}{209 \sqrt{\dfrac{p_1}{v_1}}} = \frac{0,1}{209 \sqrt{\dfrac{10}{0,2684}}} = \frac{1}{12\,750} \text{ m}^2 = \frac{1}{1,275} \text{ cm}^2,$$

$$d_k = 10 \text{ mm Durchmesser.}$$

Austrittsgeschwindigkeit:

$$c_1 = \varphi_d \cdot 91,5 \sqrt{\Delta i} = 0,96 \cdot 91,5 \sqrt{82,5} = 797 \text{ m/s.}$$

Düsenverlust:

$$q_d = (1 - \varphi_d^2) \cdot \Delta i = (1 - 0,96^2) \cdot 82,5 = 7,64 \text{ kcal/kg.}$$

Trägt man den Düsenverlust rückwärts auf, so findet man, daß das Endvolumen v_2 im Heißdampfgebiet liegt. Zu v_2 gehört $p_2 = 2$ ata und $t_2 = 136^0$ C. Es gibt die Zustandsgleichung

$$v_2 = \frac{47,1 (136 + 273)}{2 \cdot 10000} - 0,016 = 0,94 \text{ m}^3/\text{kg.}$$

Man kann auch v_2 mit der Molliertafel direkt ablesen. Austrittsquerschnitt:

$$f_2 = \frac{G \cdot v_2}{c_1} = \frac{0,1 \cdot 0,94}{797} = 0,000\,118 \text{ m}^2 = 1,18 \text{ cm}^2,$$

$$d_2 = 1,227 \text{ cm} = \sim 12 \text{ mm.}$$

Den Austrittsquerschnitt macht man gewöhnlich etwas kleiner als die Berechnung ergibt, damit der Gegendruck p_2 mit Sicherheit nicht unterschritten wird. Bei Unterschreitung des Gegendruckes erfolgt außerhalb der Düse ein verlustreicher Verdichtungsstoß.

Bei allen Düsen, die mit überkritischem Druckverhältnis arbeiten und nicht erweitert sind, tritt eine Strahlablenkung auf, wenn die

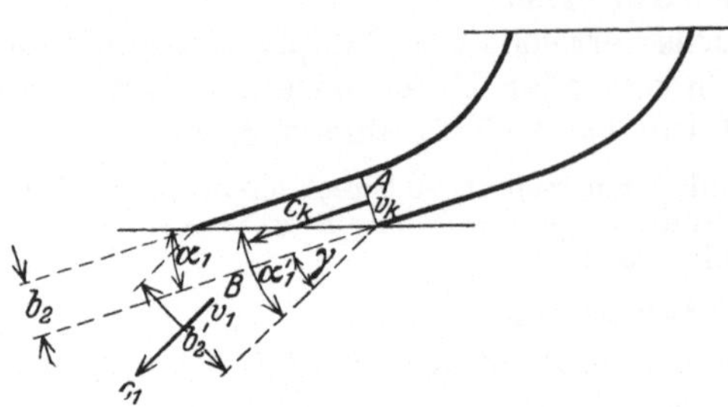

Abb. 122. Strahlablenkung.

Düse schräg abgeschnitten ist (Abb. 122). In diesem Falle expandiert der Dampf jenseits der beiderseitigen Führung und die kritische Geschwindigkeit wird überschritten. Soll der Dampfstrahl unter einem Winkel α_1' in die Laufradschaufeln eintreten, so muß die Düse (Leitschaufel) unter einem Winkel α_1 auslaufen.

Die Strahlablenkung läßt sich mit genügender Genauigkeit mit Hilfe der Stetigkeitsgleichung bestimmen, wenn man bei A kritischen Zustand annimmt. Nach Abb. 122 ist:

$$\frac{b_2}{b_2'} = \frac{\sin \alpha_1}{\sin \alpha_1'}; \qquad \sin \alpha_1' = \frac{b_2'}{b_2} \cdot \sin \alpha_1 .$$

Für A gilt:
$$G = \frac{f \cdot c_k}{v_k} \quad \text{mit} \quad f = b_2 \cdot a$$

und für B:
$$G = \frac{f' \cdot c_1}{v_1} \quad \text{mit} \quad f' = b_2' \cdot a .$$

Damit wird:
$$\frac{b_2 \cdot a \cdot c_k}{v_k} = \frac{b_2' \cdot a \cdot c_1}{v_1}$$

$$\frac{b_2 \cdot c_k}{v_k} = \frac{b_2' \cdot c_1}{v_1}; \qquad \frac{b_2'}{b_2} = \frac{c_k \cdot v_1}{c_1 \cdot v_k} = \frac{\sin \alpha_1'}{\sin \alpha_1} .$$

Also:
$$\left| \; \sin \alpha_1' = \frac{c_k \cdot v_1}{v_k \cdot c_1} \cdot \sin \alpha_1 \; \right| .$$

Der Ablenkungswinkel ist: $\gamma = \alpha_1' - \alpha_1$.

c_k und v_k ergeben sich durch den kritischen Druck bei A; c_1 und v_1 kann man aus dem Wärmegefälle, das in der Düse verarbeitet wird, berechnen.

Das Eintrittsdiagramm der Laufradschaufel ist mit dem Winkel α_1' aufzuzeichnen[1].

B. Berechnung der Dampfturbinen.

43. Allgemeines.

a) Die Turbinenarten. Praktische Bedeutung haben heute in der Hauptsache nur noch folgende Turbinenarten:

a) Die einstufige Gleichdruckturbine (Lavalturbine),

b) die einstufige Gleichdruckturbine mit Geschwindigkeitsstufung (Curtisturbine),

---

[1] Loschge: Eine Ausströmungserscheinung bei Dampfturbinenmündungen. Z. V. d. I. 1923, S. 740.

c) die mehrstufige Gleichdruckturbine mit Druckstufen (Zoelly-turbine),

d) die mehrstufige Überdruckturbine mit Druckstufen (Parsons-turbine).

b) Dampfverbrauch. Eine PSh ist eine Arbeit von $75 \cdot 60 \cdot 60 = 270\,000$ mkg, deren Wärmewert $\dfrac{270\,000}{427} = 632{,}3$ kcal ist.

Wenn $G \ldots$ kg/h Dampf vom Wärmegefälle $\varDelta i \ldots$ kcal/kg durch eine Turbine von der Leistung $N_e \ldots$ PS$_e$ und dem effektiven Wirkungsgrad η_e strömt, so ist

$$G \cdot \varDelta i \cdot \eta_e = 632 \cdot N_e$$

oder der Dampfverbrauch:

$$\left| G = \frac{632 \cdot N_e}{\varDelta i \cdot \eta_e} \right| \ldots \text{kg/h}. \tag{66}$$

Setzt man N_e in kW ein, so ist

$$\left| G = \frac{860 \cdot N_e}{\varDelta i \cdot \eta_e} \right| \ldots \text{kg/h}\,[1]. \tag{66a}$$

c) Wirkungsgrade. 1. Der thermische Wirkungsgrad ist das Verhältnis der theoretisch nutzbar gemachten Wärme zur aufgewendeten Wärme:

$$\eta_{\text{th}} = \frac{i_1 - i_2}{i_1} = \frac{\varDelta i}{i_1} = 0{,}15 \text{ bis } 0{,}35. \tag{67}$$

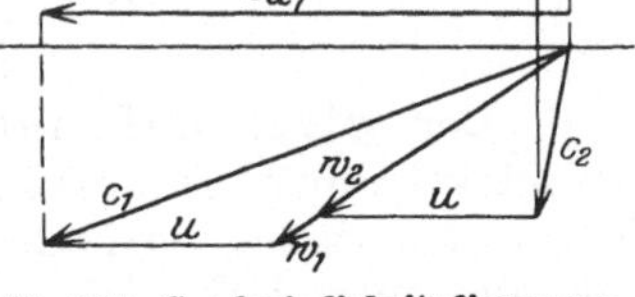

Abb. 123. Geschwindigkeitsdiagramm.

2. **Umfangswirkungsgrad** η_u.

Die Turbinenhauptgleichung lautet: $g \cdot H = u_1 \cdot c_{u_1} - u_2 \cdot c_{u_2}$. Bei den Dampfturbinen ist meist $u_1 = u_2$ und H entspricht die Leistung am Radumfang L_u.

Da ferner c_{u_2} negativ werden kann (Abb. 123), schreibt man:

$$g \cdot L_u = u \cdot c_{u_1} \pm u \cdot c_{u_2} = u\,(c_{u_1} \pm c_{u_2}),$$

$$L_u = \frac{u}{g}\,(c_{u_1} \pm c_{u_2}) \quad \text{oder allgemein} \quad L_u = \frac{u}{g} \cdot \textstyle\sum c_u \ldots \text{mkg/kg}.$$

Unter dem Wirkungsgrad am Radumfang versteht man das Verhältnis der Leistung am Radumfang zu der verfügbaren Energie $L_0 = \dfrac{c_0^2}{2\,g}$:

$$\eta_u = \frac{L_u}{\dfrac{c_0^2}{2\,g}} = \frac{\dfrac{u}{g}\,\sum \cdot c_u}{\dfrac{c_0^2}{2\,g}} = \frac{2 \cdot g \cdot u \cdot \sum c_u}{g \cdot c_0^2} = \frac{2 \cdot u}{c_0^2} \cdot \sum \cdot c_u. \tag{68}$$

Die Leistung am Radumfang L_u ist die vom strömenden Dampf an die Laufradschaufeln abgegebene Leistung, deren Wärmewert $A \cdot L_u$ ist. Bezeichnet man den Düsenverlust mit q_d, die Schaufelverluste mit q_s und den Austrittsverlust mit q_a, so ist:

$$\left| \eta_u = \frac{A \cdot L_u}{A \cdot L_0} = \frac{\varDelta i - (q_d + q_s + q_a)}{\varDelta i} \right| = 0{,}40 \text{ bis } 0{,}75. \tag{68a}$$

---

[1] **Forner:** Der Dampfverbrauch von Dampfturbinen. Z. V. d. I. 1922, S. 955.
— Dampfverbrauch und Wirkungsgrad von Dampfturbinen. Z. V. d. I. 1926, S. 502.

3. **Der innere (indizierte) oder thermodynamische Wirkungsgrad** η_i ist das Verhältnis der inneren Leistung L_i zur theoretisch verfügbaren Leistung L_o: $\eta_i = \dfrac{L_i}{L_o} = 0{,}5$ bis $0{,}85$. Die innere Leistung ist die vom Laufrade im Inneren der Turbine an die Welle abgegebene Leistung. Bezeichnet man mit $\sum q$ die Summe aller Verluste in Düse und Laufrad, so ist:

$$\left| \eta_i = \frac{A \cdot L_i}{A \cdot L_o} = \frac{\Delta i - \sum q}{\Delta i} \right| . \tag{69}$$

Der innere Wirkungsgrad der Dampfturbinen entspricht dem hydraulischen Wirkungsgrad η_h der Wasserturbinen.

4. **Der mechanische Wirkungsgrad** η_m ist das Verhältnis der an der Kupplung abgegebenen (effektiven) Leistung L_e zur indizierten Leistung L_i:

$$\eta_m = \frac{L_e}{L_i} = 0{,}9 \text{ bis } 0{,}96 .$$

5. **Der effektive Wirkungsgrad** η_e ist das Verhältnis der von der Turbinenwelle abgegebenen Leistung L_e zur theoretisch verfügbaren Leistung L_o:

$$\eta_e = \frac{L_e}{L_o} = \frac{L_e}{\dfrac{c_0^2}{2g}} = \eta_i \cdot \eta_m = 0{,}30 \text{ bis } 0{,}85 .$$

6. **Der wirtschaftliche Wirkungsgrad** η_w ist das Verhältnis der effektiv nutzbar gemachten Leistung zur theoretisch bei restloser Wärmeausnutzung verfügbaren Leistung, und ergibt sich als das Produkt des thermischen, indizierten und mechanischen Wirkungsgrades.

$$\left| \eta_w = \eta_{\mathrm{th}} \cdot \eta_i \cdot \eta_m \right| = 0{,}05 \text{ bis } 0{,}26 . \tag{70}$$

Der wirtschaftliche Wirkungsgrad dient nur als Vergleichsmaßstab der verschiedenen Wärmekraftmaschinen[1].

44. Die einstufige Gleichdruckturbine.
(Lavalturbine.)

Das gesamte Wärmegefälle wird in einer Lavaldüse in Geschwindigkeit umgewandelt und in einem Laufrad mit einem Schaufelkranz bei gleichbleibendem Druck in mechanische Energie umgesetzt (Abb. 124):

a) **Berechnung.** Man wählt $\alpha_0 = 14^0$ bis 20^0. Der Wirkungsgrad erreicht theoretisch den Höchstwert bei $\dfrac{u}{c_1} = \dfrac{\cos \alpha_0}{2}$. Da aber in der Regel die Umfangsgeschwindigkeit mit Rücksicht auf die Werkstofffestigkeit $u \leqq 320$ m/s werden soll, wählt man $\dfrac{u}{c_1} = 0{,}35$ bis $0{,}45$. Mit $u_{\max} = 320$ m/s wird im äußersten Fall $c_{1\,\max} = \dfrac{u_{\max}}{0{,}35} = \dfrac{320}{0{,}35} = 915$ m/s.

---

[1] Pape: Wirkungsgrade von Dampfturbinen. Arch. Wärmewirtsch. 1928, S. 351.

Mit $c_{1\,max} = \varphi_d \cdot 91{,}5 \sqrt{\Delta i_{max}}$ wird das größte Wärmegefälle, das sich in der Turbine verarbeiten läßt:

$$\Delta i_{max} = \left(\frac{c_{1\,max}}{\varphi_d \cdot 91{,}5}\right)^2 = \left(\frac{915}{0{,}95 \cdot 91{,}5}\right)^2 = \sim 110 \text{ kcal/kg.}$$

Mit $\alpha_0 = \alpha_1$, u und $c_1 = \varphi_d \cdot 91{,}5 \sqrt{\Delta i}$ ergibt sich Größe und Richtung der Relativgeschwindigkeit w_1. Damit liegt der Schaufelwinkel β_1 fest. Im allgemeinen macht man $\beta_2 = \beta_1$. Die Laufradbreite wählt man etwa $B = \sim 10$ mm und die Kanalbreite $b = 0{,}5 \cdot r$.

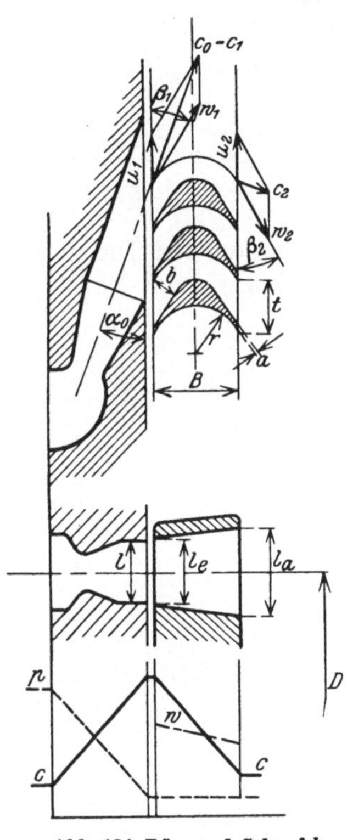

Die Schaufelstärke am Rand wird $a = \sim 0{,}5$ mm. Damit wird die Schaufelteilung $t = \dfrac{b+a}{\sin \beta_1}$. Die Schaufelzahl ist $i_1 = \dfrac{D \cdot \pi}{t}$ und muß eine ganze Zahl sein. Berechnet man u aus dem gewählten Verhältnis $\dfrac{u}{c_1}$ und wählt die Drehzahl $n = 10\,000$ bis $30\,000$ U/min, so wird der mittlere Laufraddurchmesser

$$D = \frac{60 \cdot u}{\pi \cdot n} \ldots \text{m.}$$

Damit kann der Schaufelplan (Abb. 124) aufgezeichnet werden. Infolge der Reibungsverluste ist $w_2 < w_1$, und zwar $w_2 = \varphi_s \cdot w_1$. Der Geschwindigkeitsbeiwert der Schaufel φ_s kann nach nebenstehender Tabelle angenommen werden.

$\beta_1 = \beta_2$	φ_s
20°	0,8
25°	0,85
30°	0,88
40°	0,91

Abb. 124. Düse und Schaufeln der Lavalturbine.

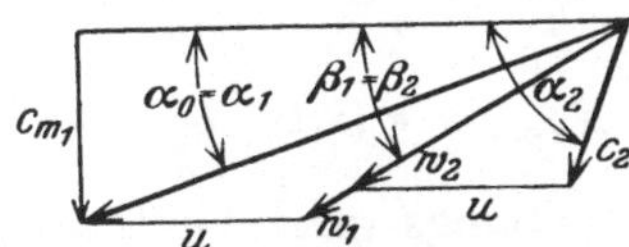

Abb. 125. Geschwindigkeitsdiagramm der Lavalturbine.

Die Schaufellänge l_e am Eintritt ergibt sich aus der Austrittshöhe l der Düse zu $l_e = l + (1$ bis $1{,}5$ mm$)$. Die Schaufellänge l_a am Austritt berechnet man mit Hilfe der Stetigkeitsgleichung:

$$G = \frac{f_1 \cdot w_1}{v_1}; \quad G = \frac{f_2 \cdot w_2}{v_2}; \quad v_1 = \sim v_2 \text{ gesetzt.}$$

$$f_1 = b \cdot l_e; \quad f_2 = b \cdot l_a; \quad w_e = \varphi_s \cdot w_1,$$

$$\frac{b \cdot l_e \cdot w_1}{v_1} = \frac{b \cdot l_a \cdot \varphi_s \cdot w_1}{v_1}; \quad \text{also:} \quad \boxed{l_a = \frac{l_e}{\varphi_s}}. \tag{71}$$

Die Geschwindigkeitsdiagramme (Abb. 125) für Ein- und Austritt zeichnet man vom gleichen Anfangspunkt aus auf. Es empfiehlt sich, beim Aufzeichnen der berechneten Geschwindigkeitsdiagramme die Länge $c_0 = 100$ mm zugrunde zu legen. Dann ist z. B. $c_1 = \varphi_d \cdot c_0$ $= \varphi_d \cdot 100$ und der Geschwindigkeitsmaßstab: $1\,\text{mm} = \dfrac{c_0}{100} \dots$ m/s.

Der Beaufschlagungsgrad y gibt an, wieviel % der gesamten freien Durchflußfläche vom Dampfstrahl in jedem Augenblick durchflossen werden. Mit den Bezeichnungen der Abb. 124 lautet die Gleichung

$$y = \frac{f}{D \cdot \pi \cdot l_e \cdot k} \cdot 100 \dots \% \, ; \quad f = \frac{G \cdot v_2}{c_{m_1}} . \tag{72}$$

Darin ist:

$f =$ beaufschlagte Fläche des Laufschaufelkranzes,

$k =$ Verengungsbeiwert am Schaufeleintritt,

$$k = \frac{t - \dfrac{a}{\sin \alpha_0}}{t} = 1 - \frac{a}{t \cdot \sin \alpha_0} = 0{,}80 \text{ bis } 0{,}92.$$

b) Die Verluste. Die Verluste setzen sich zusammen aus Düsenverlust, Schaufelverlust, Austrittsverlust und Radreibungs- und Ventilationsverlust.

1. Der Düsenverlust ist

$$q_d = (1 - \varphi_d^2) \cdot \varDelta i \dots \text{kcal/kg}.$$

2. Der Schaufelverlust ist:

$$\left| q_s = A \, \frac{(w_1^2 - w_2^2)}{2\,g} = A \cdot \frac{w_1^2 \, (1 - \varphi_s^2)}{2\,g} \right| \dots \text{kcal/kg}. \tag{73}$$

3. Der Austrittsverlust ist:

$$\left| q_a = A \cdot \frac{c_2^2}{2\,g} \right| \dots \text{kcal/kg}. \tag{74}$$

4. Der Radreibungs- und Ventilationsverlust ist nach Stodola zu berechnen:

$$N_{r+v} = \alpha \, (1{,}46 \cdot D^2 + \varepsilon \cdot 0{,}83 \cdot D \cdot l^{1{,}5}) \, \frac{u^3}{10^6} \cdot \gamma \dots \text{PS}$$

ist die Radreibungs- und Ventilationsarbeit.

Darin bedeuten:

$D =$ mittlerer Laufraddurchmesser in m,

$l =$ mittlere Schaufellänge in cm,

$u =$ Umfangsgeschwindigkeit von D in m/s,

$\gamma =$ spezifisches Dampfgewicht in kg/m³,

$\varepsilon =$ Verhältnis des unbeaufschlagten Bogens zum ganzen Umfang;

$$\varepsilon = 1 - \frac{y}{100} \; (y = \text{Beaufschlagungsgrad in \%}),$$

$\alpha = 1{,}4$ für Sattdampf; $\alpha = 1{,}2$ bei Heißdampf.

Der Verlust ist bei einer sekundlichen Dampfmenge $G \dots$ kg/s, auf 1 kg bezogen:

$$\left| q_{r+v} = \frac{75 \cdot N_{r+v}}{427 \cdot G} \right| \dots \text{kcal/kg}.$$

Alle Verluste werden in (nicht mehr ausnutzbare) Wärme verwandelt.

c) Darstellung im J—S-Diagramm. Der wirkliche Endzustand des Dampfes wird gefunden, indem man vom theoretischen Endzustand 2_0 (Abb. 126) aus die einzelnen Verluste q_d, q_s, q_a und q_{r+v} rückwärts aufträgt. Der Punkt $2'$ gibt dann den wahren Endzustand des Dampfes an.

Aus dem J—S-Diagramm läßt sich der innere Wirkungsgrad der Turbine ermitteln zu

$$\eta_i = \frac{\varDelta i - (q_d + q_s + q_a + q_{r+v})}{\varDelta i},$$

während der Umfangswirkungsgrad

$$\eta_u = \frac{\varDelta i - (q_d + q_s + q_a)}{\varDelta i}$$

ist.

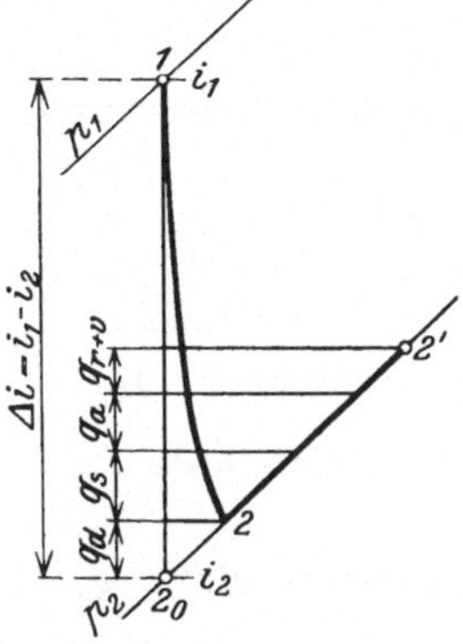

Abb. 126. J—S-Diagramm der Lavalturbine.

Beispiel. Eine Lavalturbine mit 3 Düsen für $N_e = 30\ \mathrm{PS_e}$ bei $n = 18000\ \mathrm{U/min}$ zu berechnen. Anfangsdruck $p_1 = 10$ ata, Anfangstemperatur $t_1 = 240^0$ C, Enddruck $p_2 = 2,5$ ata.

Wärmegefälle: $\qquad \varDelta i = 65\ \mathrm{kcal/kg}$ nach J—S-Tafel.

Dampfverbrauch: $\qquad G = \dfrac{632 \cdot N_e}{\varDelta i \cdot \eta_e} = \dfrac{632 \cdot 30}{65 \cdot 0,4} = 730\ \mathrm{kg/h} = 0,202\ \mathrm{kg/s}.$

Effektiv-Wirkungsgrad: $\eta_e = 0,4$ geschätzt.

Geschwindigkeit des Dampfes am Düsenaustritt:

$$c_1 = \varphi_d \cdot 91,5 \cdot \sqrt{\varDelta i} = 0,95 \cdot 91,5 \cdot \sqrt{65} = \sim 700\ \mathrm{m/s}.$$

Kritische Geschwindigkeit:

$$c_k = 333\ \sqrt{p_1 \cdot v_1} = 333\ \sqrt{10 \cdot 0,226} = \sim 500\ \mathrm{m/s},$$

$$v_1 = \frac{47,1 \cdot T_1}{p_1} - 0,016 = \frac{47,1\,(240 + 273)}{10 \cdot 10000} - 0,016 = 0,226\ \mathrm{m^3/kg},$$

$c_k < c_1$, also überkritische, erweiterte Düse (Lavaldüse).

Düsendampfmenge: $G_d = \dfrac{G}{3} = \dfrac{0,202}{3} = 0,0674\ \mathrm{kg/s.}$

Austrittsquerschnitt für quadratische Düse:

$$f_2 = \frac{G \cdot v_2}{c_1} = \frac{0,0674 \cdot 0,714}{700} 0,0000686\ \mathrm{m^2}$$
$$= 0,686\ \mathrm{cm^2},$$

$v_2 = 0,714\ \mathrm{m^3/kg}$ aus J—S-Tafel entnommen.

$$f_2 = l^2,$$

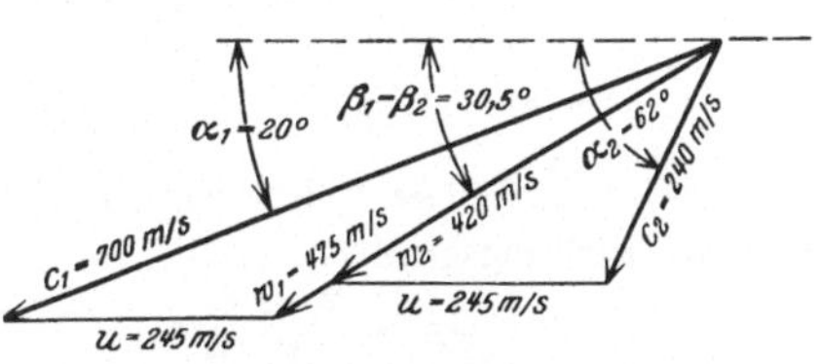

Abb. 127. Geschwindigkeitsdiagramm der Lavalturbine.

$$l = \sqrt{0,686} = 0,83\ \mathrm{cm} = 8,3\ \mathrm{mm}\,.$$

Geschwindigkeitsdiagramme (Abb. 127):

$$\alpha_0 = \alpha_1 = 20^0 \quad \text{und} \quad \frac{u}{c_1} = 0,35\ \text{gewählt},$$

$$u = 0,35 \cdot 700 = 245\ \mathrm{m/s}; \quad w_1 = 475\ \mathrm{m/s}\ \text{nach Diagramm}$$

$$\beta_2 = \beta_1 = 30,5^0; \quad w_2 = \varphi_s \cdot w_1 = 0,88 \cdot 475 = 420\ \mathrm{m/s},$$

$$c_2 = 245\ \mathrm{m/s}\ \text{nach Diagramm}.$$

Schaufelplan.

Schaufellänge am Eintritt: $l_e = l + (1 \text{ bis } 1{,}5 \text{ mm}) = 9{,}5 \text{ mm}$.

Schaufelbreite: $B = 9$ mm gewählt.

Schaufellänge am Austritt:

$$l_a = \frac{l_e}{\varphi_s} = \frac{9{,}5}{0{,}88} = 10{,}8 \text{ mm}.$$

Laufradddurchmesser:

$$D = \frac{60 \cdot u}{\pi \cdot n} = \frac{60 \cdot 245}{\pi \cdot 18\,000} = 0{,}26 \text{ m} = 260 \text{ mm}.$$

Damit kann der Schaufelplan aufgezeichnet werden (vgl. Abb. 124).

Die Verluste.

Düsenverlust: $\quad q_d = (1 - \varphi_d^2) \cdot \Delta i = (1 - 0{,}95^2) \cdot 65 = 6{,}5 \text{ kcal/kg}$.

Schaufelverlust: $\quad q_s = A \cdot \dfrac{w_1^2}{2g} (1 - \varphi_s^2) = \dfrac{1}{427} \cdot \dfrac{475^2}{19{,}62} (1 - 0{,}88^2) = 6{,}10 \text{ kcal/kg}$.

Austrittsverlust: $\quad q_a = A \cdot \dfrac{c_2^2}{2g} = \dfrac{1}{427} \cdot \dfrac{245^2}{19{,}62} = \sim 7{,}2 \text{ kcal/kg}$.

Radreibungs- und Ventilationsverlust:

$$N_r = \alpha\,(1{,}46 \cdot D^2 + 0{,}83 \cdot \varepsilon \cdot D \cdot l^{1{,}5})\,\frac{u^3}{10^6} \cdot \gamma \ldots \text{PS}.$$

Darin ist: $\alpha = 1{,}2$ für Heißdampf und $\varepsilon = 1 - y$.

Beaufschlagungsgrad: $\quad y = \dfrac{f}{D \cdot \pi \cdot l \cdot k}$; $\quad k = 0{,}9$ geschätzt,

$$f = \frac{G \cdot v_2}{c_{m_1}} = \frac{0{,}202 \cdot 0{,}714}{240} = 0{,}000603 \text{ m} = 6{,}03 \text{ cm}^2,$$

$$c_{m_1} = c_1 \cdot \sin \alpha_1 = 700 \cdot 0{,}342 = 240 \text{ m/s},$$

$$y = \frac{6{,}03}{26 \cdot \pi \cdot 0{,}95 \cdot 0{,}9} = 0{,}0864 = \sim 8{,}7\,\%,$$

$$\varepsilon = 1 - y = 1 - 0{,}087 = 0{,}913,$$

$$\gamma = \frac{1}{v_2} = \frac{1}{0{,}714} = 1{,}4 \text{ kg/m}^3,$$

$$N_r = 1{,}2\,(1{,}46 \cdot 0{,}26^2 + 0{,}83 \cdot 0{,}913 \cdot 0{,}26 \cdot 0{,}95^{1{,}5}) \cdot \frac{245^3}{10^6} \cdot 1{,}4$$

$$= 1{,}2\,(0{,}0986 + 0{,}182) \cdot 20{,}6 = 6{,}94 \text{ PS},$$

$$q_{r+v} = \frac{75 \cdot N_r}{427 \cdot G} = \frac{75 \cdot 6{,}94}{427 \cdot 0{,}202} = \sim 6 \text{ kcal/kg},$$

$$\sum q = q_d + q_s + q_a + q_{r+v} = 6{,}5 + 6{,}1 + 7{,}2 + 6{,}0 = 25{,}8 \text{ kcal/kg}.$$

Umfangswirkungsgrad:

$$\eta_u = \frac{2 \cdot u}{c_0^2} \sum c_u = \frac{2 \cdot 245}{736^2} (656 - 115) = 0{,}49,$$

$$c_0 = 91{,}5 \sqrt{\Delta i} = 91{,}5 \sqrt{65} = 736 \text{ m/s}.$$

45. Die einstufige Gleichdruckturbine mit Geschwindigkeitsstufen (Curtisturbine).

a) Wirkungsweise. Der Dampf wird in einer Lavaldüse bis auf den Gegendruck entspannt. Von der Strömungsenergie wird im 1. Laufrad nur ein Teil ausgenützt. Der mit ziemlich hoher Geschwindigkeit aus dem 1. Laufrad austretende Dampf wird durch Umkehrschaufeln einem zweiten Laufrade zugeführt, in dem ihm der Rest der Strömungsenergie entzogen wird. Ist noch ein drittes Laufrad vorhanden, so wird dem Dampf im 2. Laufrad nur ein Teil der Energie entzogen und er durch weitere Umkehrschaufeln dem 3. Laufrade zugeführt, wo ihm der Rest seiner Energie entzogen wird, soweit es möglich ist. Vorteilhaft ist bei der Curtisturbine die verhältnismäßig geringe Umfangsgeschwindigkeit (100 bis 180 m/s). Nachteilig sind die großen Reibungsverluste durch den langen Dampfweg bei hoher Geschwindigkeit. Deshalb führt man die Curtisturbine heute meist nur mit 2 Geschwindigkeitsstufen (Abbildung 128) aus.

Der Verlauf des Druckes p und der Geschwindigkeiten c und w ist aus Abb. 128 zu ersehen.

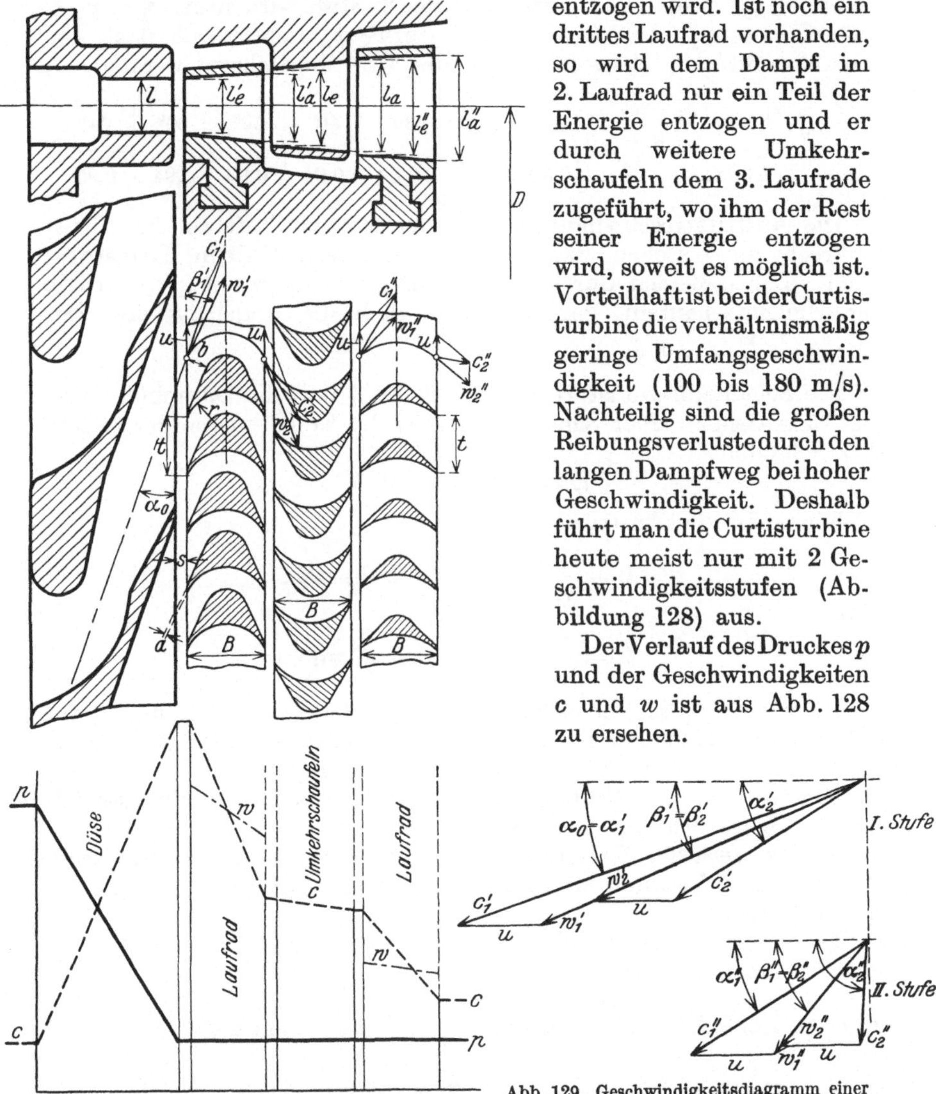

Abb. 128. Düse und Schaufeln der Curtisturbine.

Abb. 129. Geschwindigkeitsdiagramm einer Curtisturbine mit 2 Geschwindigkeitsstufen.

b) Berechnung. Man berechnet $c_1 = \varphi_d \cdot 91{,}5 \cdot \sqrt{\Delta i}$ und wählt $\alpha_0 = \alpha_1 = 14^0$ bis 20^0. Ferner wählt man:

$$\frac{u}{c_1} = \sim 0{,}2 \text{ bis } 0{,}16 \text{ bei 2 Stufen,} \qquad \frac{u}{c_1} = 0{,}1 \text{ bis } 0{,}12 \text{ bei 3 Stufen.}$$

Mit $w_2 = \varphi_s \cdot w_1$ läßt sich dann das Diagramm der 1. Stufe (Abb. 129) aufzeichnen. Vereinfachend kann man im Laufrad $\beta_1 = \beta_2$ und in der

Umkehrschaufel $\alpha_1 = \alpha_2$ (bzw. $\alpha_2' = \alpha_1''$) setzen, doch macht man auch die Austrittswinkel von den Eintrittswinkeln verschieden, wenn es zweckmäßig erscheint. Im Diagramm der 2. Stufe wird noch: $c_1'' = \varphi_u \cdot c_2'$ und $w_2'' = \varphi_s \cdot w_1''$. Die Größe von φ_s bzw. φ_u richtet sich nach den Winkeln und kann etwa nach folgender Tabelle geschätzt werden:

$\dfrac{\alpha_1 + \alpha_2}{2}$ bzw. $\dfrac{\beta_1 + \beta_2}{2}$	20^0	25^0	30^0	40^0	50^0	60^0	70^0
φ_u bzw. φ_s	0,80	0,85	0,88	0,91	0,93	0,94	0,95

Die Austrittsgeschwindigkeit aus der letzten Stufe soll möglichst senkrecht zu u stehen, damit der Austrittsverlust einen Kleinstwert erhält. Das läßt sich durch Veränderung von α_2 gegen α_1 innerhalb der Umkehrschaufeln, gegebenenfalls auch die Änderung des Verhältnisses $\dfrac{u}{c_1}$ erreichen.

Die Schaufelbreite ist $B = 10$ bis 20 mm. Ist l die Düsenhöhe bzw. die Austrittshöhe einer Schaufel, so wird die Eintrittshöhe der folgenden Schaufel:

$$l_e = (1{,}1 \text{ bis } 1{,}15) \cdot l .$$

Ferner ist die Austrittshöhe:

$$l_a = \frac{l_e}{\varphi_s} \text{ bei Laufradschaufeln}$$

und

$$l_a = \frac{l_e}{\varphi_u} \text{ bei Umkehrschaufeln.}$$

Da φ_s und φ_u für die Schaufeln verschieden sind, ist l_e und l_a für jede Schaufel besonders zu bestimmen. Die Schaufelstärke ist: $a = 0{,}5$ bis 2 mm und die Spaltbreite: $s = 1{,}5$ bis 2 mm.

Schaufelzahl i_1, Schaufelteilung t und Laufraddurchmesser D werden ebenso wie der Lavalturbine ermittelt.

c) Die Verluste. Düsenverlust q_d, Austrittsverlust q_a und Radreibungs- und Ventilationsverlust q_{r+v} werden berechnet wie bei der Lavalturbine.

Die Schaufelverluste sind für alle Lauf- und Umkehrschaufeln getrennt zu ermitteln:

1. erste Laufschaufel: $\qquad q_s' = A \cdot \dfrac{w_1'^2}{2g} (1 - \varphi_s'^2) \ldots \text{kcal/kg},$

2. erste Umkehrschaufel: $\quad q_u' = A \cdot \dfrac{c_2'^2}{2g} (1 - \varphi_u'^2) \ldots \text{kcal/kg},$

3. zweite Laufschaufel: $\quad\; q_s'' = A \cdot \dfrac{w_1''^2}{2g} (1 - \varphi_s''^2) \ldots \text{kcal/kg}$

usw.

d) Darstellung im J—S-Diagramm. Man trägt wieder vom theoretischen Endpunkt 2_0 des adiabatischen Wärmegefälles $1 \ldots 2_0$ (Abb. 130) die einzelnen Verluste rückwärts auf. Der wirkliche Endzustand des

Dampfes ist durch den Punkt $2'$ im J—S-Diagramm gegeben. Das als Arbeit an die Welle übertragene Wärmegefälle ist damit:

$$\Delta i' = \Delta i - (\Sigma q_s + q_d + q_a + q_{r+v}) \ldots \text{kcal/kg}[1].$$

Beispiel. Ein Curtisrad mit 2 Geschwindigkeitsstufen zu berechnen für $N_e = 100\,\text{PS}_e$ und $n = 5000\,\text{U/min}$. $p_1 = 12$ ata; $t_1 = 250^0$ C; $p_2 = 1,2$ ata. Gewählt: 3 Düsengruppen zu je 3 Düsen.

Wärmegefälle: $\qquad \Delta i = 111,5\ \text{kcal/kg}$ nach Molliertafel.

Dampfverbrauch: $G = \dfrac{632 \cdot N_e}{\Delta i \cdot \eta_e} = \dfrac{632 \cdot 100}{111,5 \cdot 0,45} = 1260\,\text{kg/h} = 0,35\,\text{kg/s}$;

$\eta_e = 0,45$ geschätzt.

Düsendampfmenge (9 Düsen): $G_d = \dfrac{G}{9} = \dfrac{0,35}{9} = 0,0388\ \text{kg/s}$.

Düsenberechnung:

$$p_k = 0,546 \cdot p_1 = 0,546 \cdot 12 = 6,56\ \text{ata}; \qquad p_k > p_2,$$

also Düse überkritisch (Lavaldüse).

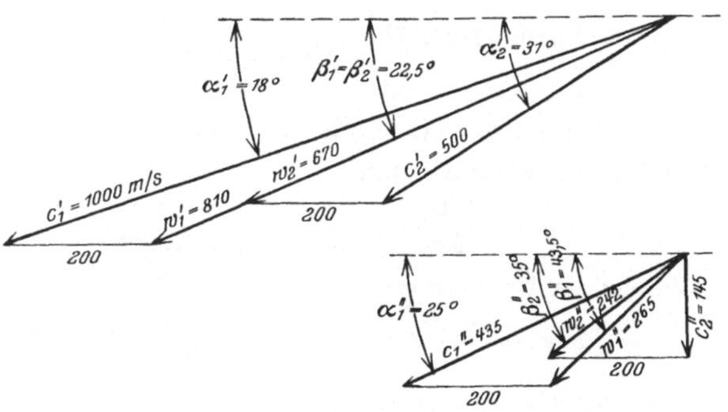

Abb. 130. J—S-Diagramm der Curtisturbine.

Abb. 131. Geschwindigkeitsdiagramm der Curtisturbine.

Austrittsquerschnitt: $G_d \cdot v_2 = f \cdot c_1$,

$$c_1 = \varphi_d \cdot c_0 = \varphi_d \cdot 91,5 \cdot \sqrt{\Delta i} = \varphi_d \cdot 91,5 \sqrt{111,5} = \varphi_d \cdot 1052,$$

$\varphi_d = 0,95$ geschätzt; $\quad c_1 = 0,95 \cdot 1052 = \sim 1000\ \text{m/s}$,

$v_2 = 1,12\ \text{m}^3/\text{kg}$ nach Molliertafel,

$$f = \frac{G_d \cdot v_2}{c_1} = \frac{0,0388 \cdot 1,12}{1000} = 0,0000436\ \text{m}^2 = 0,436\ \text{cm}^2,$$

Quadratische Düsen gewählt. Dafür ist: $f = l^2$.

Düsenhöhe: $\qquad l = \sqrt{f} = \sqrt{0,436} = 0,66\ \text{cm} = 6,6\ \text{mm}$.

Geschwindigkeitsdiagramm (Abb. 131).

1. Laufkranz: $\qquad \dfrac{u}{c_1'} = 0,2$ und $\alpha_0 = \alpha_1 = 18^0$ gewählt,

$$u = 0,2 \cdot c_1' = 0,2 \cdot 1000 = 200\ \text{m/s},$$

$$w_1' = 810\ \text{m/s} \quad \text{und} \quad \beta_1 = \beta_2 = 22,5^0 \text{ nach Diagramm},$$

$$w_2' = \varphi_s \cdot w_1' = 0,825 \cdot 810 = \sim 670\ \text{m/s}.$$

Mit $w_2' = 670\,\text{m/s}$ wird $c_2' = 500\,\text{m/s}$ und $\alpha_2' = 31^0$ nach Diagramm,

---

[1] **Forner:** Wirkungsgrad von Curtisstufen. Z. V. d. I. 1919, S. 74.

Umkehrkranz: $\alpha_1 = \alpha_2' = 31^0$; $\alpha_2 = \alpha_1'' = 25^0$ gewählt,
$$c_1 = c_2' = 500 \text{ m/s}; \quad c_2 = c_1'' = \varphi_u \cdot c_1 = 0,87 \cdot 500 = 435 \text{ m/s}.$$

2. Laufkranz: $c_1'' = 435 \text{ m/s}$; $\alpha_1'' = 25^0$; $u = 200 \text{ m/s}$,

damit wird $w_1'' = 265 \text{ m/s}$ und $\beta_1 = 43,5^0$ nach Diagramm,

$\beta_2'' = 35^0$ gewählt, $w_2'' = \varphi_s \cdot w_1'' = 0,91 \cdot 265 = 242 \text{ m/s}$,

$c_2'' = 145 \text{ m/s}$ und $\alpha_2'' = 90^0$ aus Diagramm.

Schaufeln (vgl. Abb. 128).

1. Laufkranz: $l = 6,6 \text{ mm}$; $l_e' = l + (1 \text{ bis } 1,5 \text{ mm}) = \sim 8 \text{ mm}$;

$$l_a' = \frac{l_e}{\varphi_s} = \frac{8}{0,825} = \sim 10 \text{ mm}; \quad B = 10 \text{ mm gewählt}.$$

Umkehrkranz: $l_e = l_a' + (1 \text{ bis } 1,5) \text{ mm} = 11,5 \text{ mm}$; $l_a = \dfrac{l_e}{\varphi_u} = \dfrac{11,5}{0,87} = 13,2 \text{ mm}$;

$B = 12 \text{ mm gewählt}$.

2. Laufkranz: $l_e'' = l_a + (1 \text{ bis } 1,5) = \sim 14,5 \text{ mm}$; $l_a'' = \dfrac{l_e''}{\varphi_s} = \dfrac{14,5}{0,91} = \sim 16 \text{ mm}$;

$B = 10 \text{ mm gewählt}$.

Laufraddurchmesser: $D = \dfrac{60 \cdot u}{\pi \cdot n} = \dfrac{60 \cdot 200}{\pi \cdot 5000} = 0,765 \text{ m} = 765 \text{ mm}$.

Verluste.

Düsenverlust: $q_d = (1 - \varphi_d^2) \cdot \varDelta \, i = (1 - 0,95^2) \cdot 111,5 = 11,15 \text{ kcal/kg}$,

Verlust im 1. Laufkranz:

$$q_s' = \frac{A \cdot w_1'^2}{2\,g}\,(1 - \varphi_s^2) = \frac{810^2}{427 \cdot 19,62}\,(1 - 0,825^2) = 25,1 \text{ kcal/kg}.$$

Verlust im Umkehrkranz:

$$q_u' = \frac{A \cdot c_1^2}{2\,g}\,(1 - \varphi_u^2) = \frac{500^2}{427 \cdot 19,62}\,(1 - 0,87^2) = 7,2 \text{ kcal/kg}.$$

Verlust im 2. Laufkranz:

$$q_s'' = \frac{A \cdot w_1''^2}{2\,g}\,(1 - \varphi_s^2) = \frac{265^2}{427 \cdot 19,62}\,(1 - 0,91^2) = 1,42 \text{ kcal/kg}.$$

Austrittsverlust:

$$q_a = \frac{A \cdot c_2''^2}{2\,g} = \frac{145^2}{427 \cdot 19,62} = 2,5 \text{ kcal/kg}.$$

Radreibungs- und Ventilationsverlust: $q_{r+v} = ?$

$$N_r = \alpha\,(1,46 \cdot D^2 + 0,83 \cdot \varepsilon \cdot D \cdot l^{1,5}) \cdot \frac{u^3}{10^6} \cdot \gamma \ldots \text{PS},$$

$\alpha = 1,2$ für Heißdampf; $\gamma = \dfrac{1}{v_2} = \dfrac{1}{1,12} = 0,894 \text{ kg/m}^3$; $\varepsilon = 1 - y$,

$$y = \frac{f}{D \cdot \pi \cdot l \cdot k} = \frac{12,6}{76,5 \cdot \pi \cdot 0,8 \cdot 0,9} = 0,073 = 7,3\% \text{ Beaufschlagung},$$

$$f = \frac{G \cdot v_2}{c_{m1}'} = \frac{0,35 \cdot 1,12}{309} = 0,00126 \text{ m}^2 = 12,6 \text{ cm}^2,$$

$c_m' = c_1' \cdot \sin \alpha_1' = 1000 \cdot \sin 18^0 = 309 \text{ m/s}$; $k = 0,9$ geschätzt,

$\varepsilon = 1 - y = 1 - 0,073 = 0,927$,

$$N_r = 1,2\,(1,46 \cdot 0,765^2 + 0,83 \cdot 0,927 \cdot 0,765 \cdot 1,2^{1,5})\,\frac{200^3}{1\,000\,000} \cdot 0,894,$$

$N_r = 1,2\,(0,854 + 0,776)\,7,16 = 14 \text{ PS}.$

Verlust:
$$q_{r+v} = \frac{75 \cdot N_r}{427 \cdot G} = \frac{75 \cdot 14}{427 \cdot 0{,}35} = 7 \text{ kcal/kg}.$$

$\Sigma q = q_d + q_i' + q_u + q_i'' + q_a + q_{r+v} = 11{,}15 + 25{,}1 + 7{,}2 + 1{,}42 + 2{,}5 + 7{,}00$
$\Sigma q = 54{,}37$ kcal/kg.

46. Die mehrstufige Gleichdruckturbine mit Druckstufen (Zoellyturbine).

a) Wirkungsweise. In dem ersten Leitrad (Düsenkranz) wird ein Teil des Gesamtdruckes p_1, und damit ein Teil des zur Verfügung stehenden Gesamt-Wärmegefälles Δi, in Geschwindigkeit umgewandelt.

Der Dampf strömt mit einer bestimmten Geschwindigkeit c in das erste Laufrad ein und gibt seine Strömungsenergie zum größten Teil an das Laufrad ab. Im Laufrade sinkt die absolute Geschwindigkeit c, der Druck dagegen bleibt gleich. Im zweiten Leitrad wird wieder ein Teil des Druckes in Geschwindigkeit umgewandelt und der Dampf gibt seine Energie an das zweite Laufrad ab. So wird in jeder Stufe ein Teil des Druckes ausgenutzt, bis der Enddruck erreicht ist (Druckstufung). Den Verlauf der Drucke und Geschwindigkeiten zeigt Abb. 132 schematisch.

b) Die Teilgefälle. Da die Düsen nicht erweitert sind (Zoellydüsen), kann im engsten Querschnitt höchstens die kritische Geschwindigkeit c_k erreicht werden. Setzt man

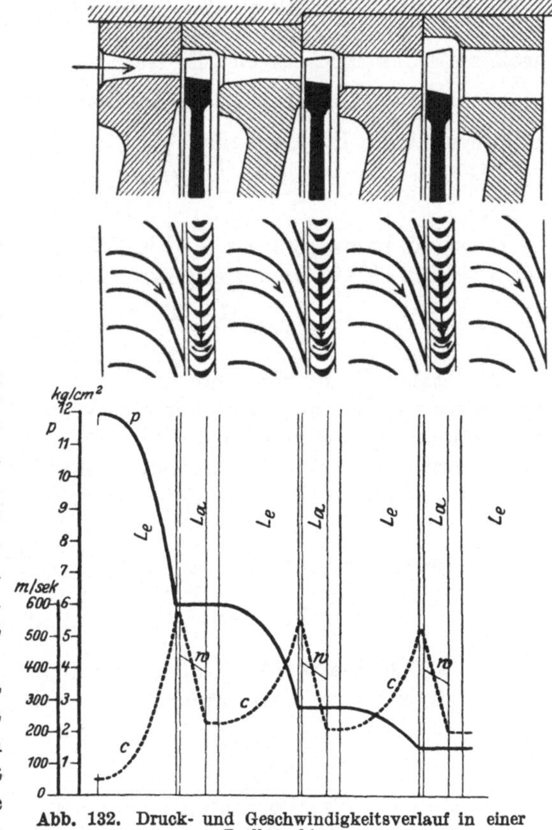

Abb. 132. Druck- und Geschwindigkeitsverlauf in einer Zoellyturbine.

$c_1 = c_k$, so kann in jeder Stufe nur ein Grenzgefälle $\Delta i'$ verarbeitet werden, das sich folgendermaßen berechnen läßt:

1. Trockener Sattdampf

$$c_k = 323 \sqrt{p_1 \cdot v_1} \ldots \text{m/s}; \quad c_1 = \varphi_d \cdot 91{,}5 \cdot \sqrt{\Delta i'};$$

mit $\varphi_d = 0{,}95$ wird: $0{,}95 \cdot 91{,}5 \cdot \sqrt{\Delta i'} = 323 \sqrt{p_1 \cdot v_1}$

oder: $\Delta i' = \sim 13{,}8\, p_1 \cdot v_1 \ldots$ kcal/kg.

2. Heißdampf

$$c_k = 333 \cdot \sqrt{p_1 \cdot v_1} = 0{,}95 \cdot 91{,}5 \cdot \sqrt{\varDelta i'}; \quad \varDelta i' = \sim 14{,}6 \cdot p_1 \cdot v_1 \ldots \text{kcal/kg}$$

Die Grenzgefälle sind vom Dampfzustand vor den Düsen abhängig und betragen etwa: $\varDelta i' = 25$ bis 35 kcal/kg. Wird das Grenzgefälle überschritten, so tritt Strahlablenkung auf. Ist der Düsenwinkel α_0 und der Ablenkungswinkel γ, so wird der Eintrittswinkel der Laufradschaufel: $\alpha_1 = \alpha_0 + \gamma$.

Theoretisch steht für die Turbine ein Gesamtgefälle $\varDelta i_0$ zur Verfügung. Da aber die Reibungsverluste und bei voller Beaufschlagung auch der Austrittsverlust der ersten Stufen in den folgenden Stufen teilweise zurückgenommen werden, ist das wirkliche Gesamtgefälle $\varDelta i$ größer als das theoretische. Es ist

$$\varDelta i = (1 + \alpha) \cdot \varDelta i_0 = (1{,}03 \text{ bis } 1{,}08) \cdot \varDelta i_0 \ldots \text{kcal/kg}.$$

Damit wird die Stufenzahl:

$$\left| z = \frac{(1 + \alpha) \cdot \varDelta i_0}{\varDelta i'} \right|.$$

Heute führt man meist $z = 5$ bis 20 Stufen je nach Größe der Turbine bei $n = 3000$ U/min aus. Bei gewählter Stufenzahl ist das Teilgefälle:

$$\varDelta i' = \frac{(1 + \alpha) \cdot \varDelta i_0}{z} \ldots \text{kcal/kg}.$$

Der ersten Stufe gibt man gewöhnlich ein größeres Teilgefälle als den mittleren Stufen, damit der Druck im Gehäuse, Dichtungsverlust usw. so klein wie möglich wird. Ebenso gibt man gerne der letzten Stufe ein größeres Teilgefälle, damit die Schaufeln nicht zu lang werden. Neuerdings führt man die Stufen mit einem Reaktionsgrad $\varrho = \sim 0{,}1$ aus[1].

c) Berechnung. Es gilt wieder: $\dfrac{u}{c_1} = \dfrac{\cos \alpha_1}{2}$. Man wählt etwa:

$$\frac{u}{c_1} = 0{,}25 \text{ bis } 0{,}45; \quad c_1 = \varphi_d \cdot 91{,}5 \sqrt{\varDelta i'} \ldots \text{m/s}.$$

Aus $u = (0{,}35$ bis $0{,}45) \cdot c_1 \ldots$ m/s und der gewünschten Drehzahl $n \ldots$ U/min wird der Laufraddurchmesser, in Schaufelmitte gerechnet,

$$D = \frac{60\,u}{\pi \cdot n} \ldots \text{m}.$$

D soll möglichst für alle Stufen gleich sein.

Für die Berechnung des Düsenquerschnittes f ist bei i_0 Düsen die sekundliche Düsendampfmenge $G_d \ldots$ kg/s maßgebend. Es ist:

$$F = i_0 \cdot f = \frac{G_d \cdot v_2}{c_1} \ldots \text{m}^2; \quad f = a \cdot l \quad \text{nach Abb. 133}.$$

Darin ist: $v_2 =$ spezifisches Dampfvolumen im engsten Düsenquerschnitt, $a = t \cdot \sin \alpha_0 - s$, $s = \sim 2$ mm Düsenwandstärke, $t = 40$

---

[1] **Wewerka:** Strömung eines Gases in Düsen und Gleichdruckschaufeln mit Überschallgeschwindigkeit. Z. V. d. I. 1919, S. 699 u. 749.

bis 50 mm Düsenteilung, $\alpha_0 = \sim 14^0$ in den ersten Stufen, $\alpha_0 = 16^0$ bis 18^0 in den letzten Stufen.

Die Düsenhöhe soll $l \geqq 8$ mm sein. Die Düsen sind rechteckig; sie bestehen entweder aus eingegossenen Stahlblechschaufeln oder sind aus gefrästen Einzelteilen zusammengesetzt.

Die Eintrittsrichtung der Düsen läßt man mit der Richtung der absoluten Austrittsgeschwindigkeit c_2 der vorhergehnden Stufe zusammenfallen, um die Austrittsenergie bei voller Beaufschlagung verwerten zu können. Dann ist das Teilgefälle $(\varDelta i' + q_a) \ldots$ kcal/kg.

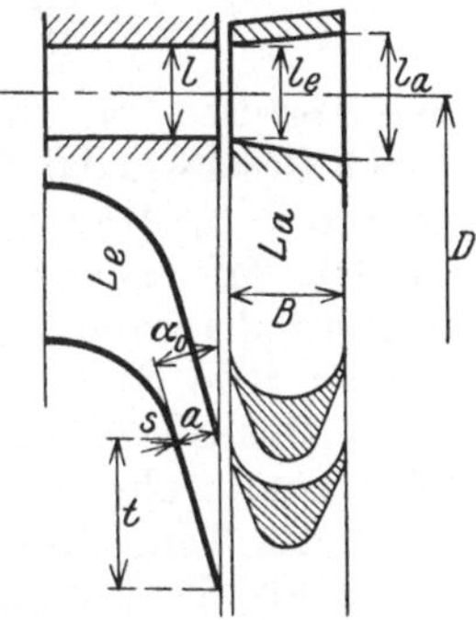

Die Laufschaufeln werden entweder aus Stahlblechschaufeln von ~ 2 mm Stärke oder meist als Profilschaufeln (wie bei der Lavalturbine) ausgeführt. Die Schaufellänge l_e am Eintritt ergibt sich aus der berechneten Düsenhöhe l zu:

$l_e = (1,15$ bis $1,10) \cdot l$ bei kurzen Schaufeln,

$l_e = (1,05$ bis $1,03) \cdot l$ bei langen Schaufeln.

Abb. 133. Abmessungen der Düsen und Schaufeln.

Die Schaufellänge am Austritt wird:

$l_a = \dfrac{l_e}{\varphi_s}$, wobei φ_s sich nach den Winkeln richtet. Die Schaufelbreite B wählt man nach der Schaufellänge:

$$B = \sim 20 \text{ mm} \quad \text{bei} \quad \frac{l_e + l_a}{2} \leqq 50 \text{ mm},$$

$$B = \sim 25 \text{ mm} \quad \text{bei} \quad \frac{l_e + l_a}{2} = 50 \text{ bis } 200 \text{ mm},$$

$$B = \sim 30 \text{ mm} \quad \text{bei} \quad \frac{l_e + {}_al}{2} \geqq 200 \text{ mm}.$$

In der letzten Stufe soll die Schaufellänge den Wert

$$\frac{l_e + l_a}{2} \leqq \left(\frac{1}{5} \text{ bis } \frac{1}{7} \right) \cdot D$$

annehmen. Deshalb muß u. U. der Raddurchmesser D in den letzten Stufen vergrößert werden.

Die übrigen Abmessungen der Laufschaufeln werden ebenso ermittelt wie bei der Lavalturbine[1].

d) Verluste. Düsenverlust q_d, Schaufelverlust q_s, Austrittsverlust q_a und Radreibungs- und Ventilationsverlust berechnen sich wie bei der Lavalturbine.

In den einzelnen Stufenkammern herrscht verschiedener Druck; sie müssen deshalb an der Welle durch Labyrinthe gegeneinander abgedichtet sein. Durch den Dichtungsspalt fließt eine Dampfmenge G_{sp}, die etwa zu $G_{sp} = (0,02$ bis $0,05) \cdot G \ldots$ kg/s zu schätzen ist. Die Berechnung von $G_{sp} \ldots$ kg/s ist unsicher.

---

[1] Löliger: Untersuchung des Druck- und Strömungsverlaufes in Schaufeln von Gleichdruckturbinen bei Überschallgeschwindigkeit (Diss.) Zürich 1913.

Die Düsendampfmenge wird damit

$$G_d = G - G_{sp} = (0{,}95 \text{ bis } 0{,}98) \cdot G \ldots \text{kg/s}\,.$$

Der Undichtigkeitsverlust beträgt in jeder Stufe:

$$\left| q_{sp} = \frac{G_{sp}}{G} \cdot \Delta i' = (0{,}02 \text{ bis } 0{,}05) \cdot \Delta i' \right| \ldots \text{kcal/kg}\,. \tag{75}$$

Die Verluste sind für jede Stufe besonders zu ermitteln[1].

e) Geschwindigkeitsdiagramm (Abb. 134). Mit den Werten: $\alpha_1 = \alpha_0$ oder $\alpha_1 = \alpha_0 + \gamma$; c_1 und u kann das Eintrittsdiagramm aufgezeichnet werden. Mit $w_2 = \varphi_s \cdot w_1$, u und $\beta_1 = \beta_2$ oder $\beta_1 > \beta_2$ erhält man das Austrittsdiagramm.

Für jede Stufe ist ein besonderes Diagramm aufzuzeichnen.

f) Das J—S-Diagramm (Abb. 135). Bei der Darstellung im J—S-Diagramm geht man vom Anfangszustand 1 des Dampfes aus und trägt das Teilgefälle Δi_1 der ersten Stufe bis 2_0 ab. Den wahren Endzustand 2 der Expansion in der Düse erhält man, wenn man den Düsenverlust q_d rückwärts abträgt. Um den Dampfzustand $2'$ vor Eintritt in die Düse der folgenden Stufe zu erhalten, trägt man die Summe aller Verluste:

$$\Sigma q = q_d + q_s + q_a + q_{r+v} + q_{sp} \ldots \text{kcal/kg}$$

von 2_0 aus rückwärts auf. Von $2'$ aus

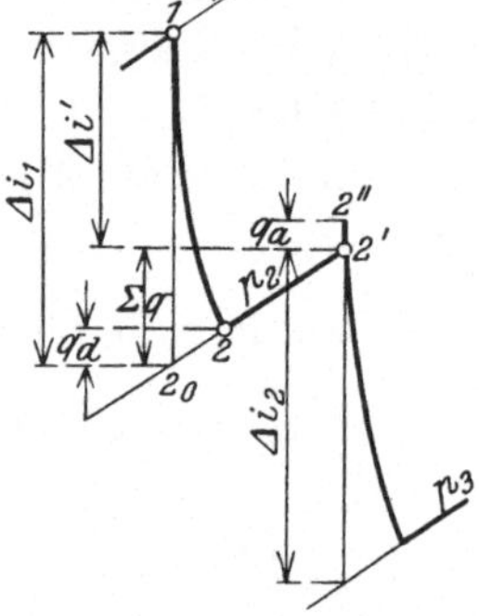

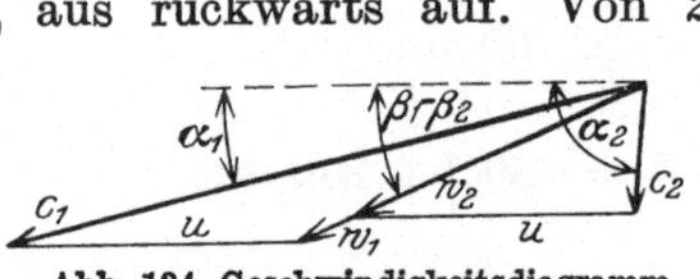

Abb. 134. Geschwindigkeitsdiagramm
der Zoellyturbine.
Abb. 135. J—S-Diagramm
der Zoellyturbine.

trägt man dann das Teilgefälle Δi_2 der zweiten Stufe nach unten ab, die Verluste Σq nach rückwärts usw. bei allen Stufen bis zum Enddruck.

Bei voller Beaufschlagung wird der Austrittsverlust q_a in der folgenden Stufe verwertet. Man trägt sich dann q_a von $2'$ nach $2''$ auf. Die Expansion in der nächsten Düse beginnt dann bei $2''$ und das wirkliche Stufengefälle ist $\Delta i_2 + q_a \ldots \text{kcal/kg}$.

Beispiel. Die erste Stufe einer Zoellyturbine für $N_e = 4000$ kW bei $n = 3000$ U/min ist zu berechnen. Anfangsdruck $p_1 = 25$ ata bei $t_1 = 350^0$ C. Enddruck: $p_2 = 0{,}05$ ata.
Wärmegefälle nach der Molliertafel:

$$\Delta i_0 = 250 \text{ kcal/kg}\,.$$

Durch teilweisen Rückgewinn der Verluste wird das praktische Wärmegefälle:

$$\Delta i = (1 + \alpha) \cdot \Delta i_0 = (1 + 0{,}06) \cdot 250 = 265 \text{ kcal/kg}.$$

$$\alpha = 0{,}06 \quad \text{geschätzt.}$$

---

[1] Richter: Der wahre Wirkungsgrad von Gleichdruckturbinen Z. V. d. I. 1925, S. 603. Stodola: Versuche an einer 11000 kW-Zoellydampfturbine. Z. V. d. I. 1927, S. 747.

Stufengefälle:

$$\Delta i' = 40 \text{ kcal/kg in der 1.} \qquad \text{Stufe gewählt},$$
$$\Delta i' = 31 \quad \text{,,} \quad \text{,,} \quad \text{,, 2. bis 7.} \quad \text{,,} \qquad \text{,,}$$
$$\Delta i' = 39 \quad \text{,,} \quad \text{,,} \quad \text{,, 8.} \qquad \text{,,} \qquad \text{,,}$$

Insgesamt also 8 Druckstufen gewählt.

Dampfverbrauch:

$$G = \frac{860 \cdot N_e}{\Delta i \cdot \eta_e} = \frac{860 \cdot 4000}{265 \cdot 0{,}66} = 19\,700 \text{ kg/h} = 5{,}47 \text{ kg/s} .$$

$$\eta_e = 0{,}66 \quad \text{geschätzt}.$$

Düsendampfmenge: $G_d = 0{,}98 \cdot G = 0{,}98 \cdot 5{,}47 = 5{,}36 \text{ kg/s}$.

Spaltdampfmenge: $G_{sp} = 0{,}02 \cdot G$ geschätzt.

Berechnung der ersten Stufe.

$$\Delta i' = 40 \text{ kcal/kg}.$$

Für $p_1 = 25$ ata und $\Delta i' = 40$ wurden $v_1 = 0{,}113 \text{ m}^3/\text{kg}$, $t_1 = 350^0$ C; $p_2 = 13$ ata; $v_2 = 0{,}179 \text{ m}^3/\text{kg}$ und $t_2 = 268^0$ C aus der Molliertafel abgelesen.
Düsen:

$$G \cdot v_2 = f \cdot c_1 ,$$

$$c_1 = \varphi_d \cdot 91{,}5 \sqrt{40'} = 0{,}96 \cdot 9{,}15 \cdot \sqrt{40} = 558 \text{ m/s} ,$$

$$\varphi_d = 0{,}96 \quad \text{gewählt}.$$

Kritische Geschwindigkeit:

$$c_k = 333 \sqrt{p_1 \cdot v_1} = 333 \sqrt{25 \cdot 0{,}113} = 530 \text{ m/s} .$$

Die Düse ist überkritisch, es tritt Strahlablenkung auf (Zoellydüse).

$$\sin \alpha_1' = \sin \alpha_1 \cdot \frac{c_k \cdot v_2}{c_1 \cdot v_k} = 0{,}242 \cdot \frac{530 \cdot 0{,}179}{558 \cdot 0{,}163} = 0{,}253 ,$$

$$p_k = 0{,}546 \cdot p_1 = 0{,}546 \cdot 25 = 14{,}4 \text{ ata} .$$

Dafür wird nach Molliertafel: $t_k = 274^0$ C; $v_k = 0{,}163 \text{ m}^3/\text{kg}$. Düsenwinkel: $\alpha_0 = 14^0$ gewählt.

Für $\sin \alpha_1' = 0{,}253$ wird: $\alpha_1 = 14^0\ 40'$.

Ablenkungswinkel: $\gamma = \alpha_1' - \alpha_1 = 14^0\ 40' - 14^0 = 0^0\ 40'$.

Düsenaustrittsfläche:

$$f = \frac{G_d \cdot v_2}{c_1} = \frac{5{,}36 \cdot 0{,}179}{558} = 0{,}00172 \text{ m}^2 = 17{,}2 \text{ cm}^2 ,$$

$$f = i_0 \cdot l \cdot a .$$

$$l = \quad 8 \text{ mm Schaufellänge gewählt},$$

$$s = \quad 2 \text{ mm Schaufelstärke gewählt},$$

$$t = 40 \text{ mm Schaufelteilung gewählt},$$

$$a = t \cdot \sin \alpha_0 - s = 40 \cdot 0{,}242 - 2 = 7{,}68 \text{ mm}.$$

$$i_0 = \frac{f}{l \cdot a} = \frac{17{,}2}{0{,}8 \cdot 0{,}768} = 28 \text{ Düsen} .$$

Damit wird genau: $a = \dfrac{f}{l \cdot i_0} = \dfrac{17{,}2}{0{,}8 \cdot 28} = 7{,}7 \text{ mm}$

und:

$$t = \frac{a + s}{\sin \alpha_1} = \frac{7{,}7 \cdot 2}{0{,}242} = 40{,}1 \text{ mm Teilung}.$$

Laufraddurchmesser:

$$\frac{u}{c_1} = 0,4 \text{ gewählt}; \qquad u = 0,4 \cdot 558 = 223 \text{ m/s},$$

$$D = \frac{60 \cdot u}{\pi \cdot n} = \frac{60 \cdot 223}{\pi \cdot 3000} = 1,42 \text{ m} = 1420 \text{ mm}.$$

Beaufschlagungsgrad: $\qquad y = \dfrac{i \cdot t}{D \cdot r} \cdot 100 = \dfrac{28 \cdot 40,1}{1420 \cdot \pi} \cdot 100 = 25,1\,\%.$

Geschwindigkeitsdiagramm (Abb. 136)

$$\alpha_1 = 14^0\,40'; \quad u_1 = 223 \text{ m/s}; \quad c_1 = 558 \text{ m/s}.$$

Damit $w_1 = 344$ m/s und $\beta_1 = 23^0\,45'$; $w_2 = \varphi_s \cdot w_1 = 0,83 \cdot 344 = 286$ m/s; $\beta_2 = \beta_1$ gewählt. $c_2 = 120$ m/s aus Diagramm. $\alpha_2 = 71^0$.

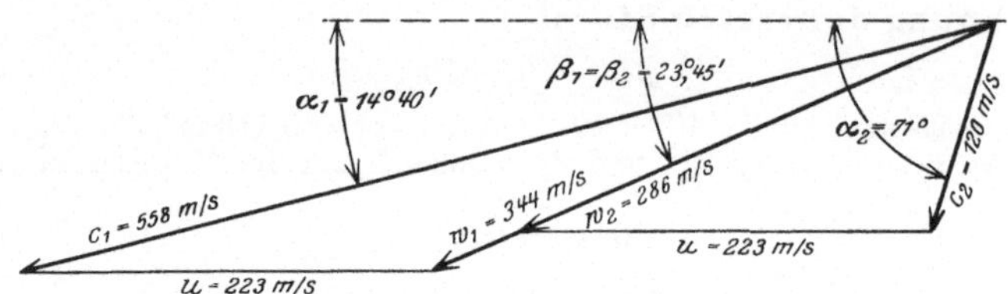

Abb. 136. Geschwindigkeitsdiagramm einer Zoellyturbine.

Schaufeln: Länge am Eintritt: $l_e = 1,15 \cdot l = 1,15 \cdot 8 = 9,2$ mm,

$$\text{Länge am Austritt: } l_a = \frac{l_e}{\varphi_s} = \frac{9,2}{0,83} = 11,5 \text{ mm}.$$

     Verluste.

Düsenverlust: $\qquad q_d = (1 - \varphi_d^2) \cdot \varDelta i' = (1 - 0,96^2) \cdot 40 = 3,2 \text{ kcal/kg}.$

Austrittsverlust: $\quad q_a = \dfrac{A \cdot c_2^2}{2g} = \dfrac{1}{427} \cdot \dfrac{120^2}{19,62} = 1,72 \text{ kcal/kg}.$

Schaufelverlust: $\quad q_s = A \cdot \dfrac{w_1^2}{2g}(1 - \varphi_s^2) = \dfrac{1}{427} \cdot \dfrac{344^2}{19,62}(1 - 0,83^2),$

$$q_s = 4,4 \text{ kcal/kg}.$$

Radreibungs- und Ventilationsverlust: $q_{r+v} = 0,8$ kcal/kg geschätzt.

Spaltverlust: $q_{sp} = 1,0$ kcal/kg geschätzt.

$\varSigma q = q_d + q_a + q_s + q_{r+v} + q_{sp} = 3,2 + 1,72 + 4,4 + 0,8 + 1,0 = 11,12 \text{ kcal/kg}.$

In ähnlicher Weise wird die Berechnung der anderen Druckstufen durchgeführt.

47. Die mehrstufige Überdruckturbine.

(Parsonsturbine.)

a) Wirkungsweise. In jeder Stufe wird nur ein geringer Teil des Gesamt-Wärmegefälles ausgenutzt. Von dem Stufengefälle $\varDelta i'$ wird nur ein Teil in der Leitschaufel in Geschwindigkeit umgewandelt, der Rest wird im Laufrad zur Vergrößerung der Relativgeschwindigkeit verbraucht. Es tritt also Rückdruckwirkung auf. Der Reaktionsgrad beträgt gewöhnlich $\varrho = 0,5$, d. h. im Leitrad und Laufrad werden gleiche Wärmemengen umgesetzt. Der Verlauf des Druckes und der Geschwindigkeiten c und w ist aus Abb. 137 ersichtlich.

Da vor und hinter dem Laufrad verschiedene Drücke herrschen, tritt ein Axialschub in der Turbine auf.

b) Berechnung. Das theoretisch günstigste Geschwindigkeitsverhältnis

ist: $\dfrac{u}{c_1} = \cos \alpha_1$ Praktisch

wählt man: $\dfrac{u}{c_1} = 0{,}8$ bis $0{,}3$ mit $u = 30$ bis 80 m/s in den ersten Stufen und $u = 60$ bis 180 m/s in den letzten Stufen.

Da der vollen Beaufschlagung wegen u im allgemeinen ziemlich klein ist, wird auch c_1 und damit das Stufengefälle $\varDelta i'$ klein. Für große Wärmegefälle ergibt sich daraus eine sehr große (bis zu 60) Stufenzahl.

In einer Stufe soll ein Teilgefälle $\varDelta i'$ je zur Hälfte im Leitrad und Laufrad verarbeitet werden. Dann ist (Abb. 138)

$$\varDelta i' = \varDelta i'_I + \varDelta i'_{II}$$
mit
$$\varDelta i'_I = \varDelta i'_{II}.$$

Das Wärmegefälle $\varDelta i'_I$ — q_d dient zur Erzeugung der absoluten Geschwindigkeit c_1, das Wärmegefälle $\varDelta i'_{II}$ — q_s zur Erzeugung der Relativgeschwindigkeit w_2.

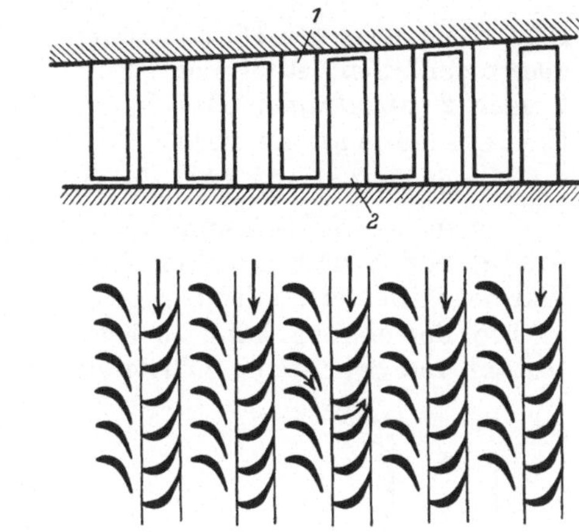

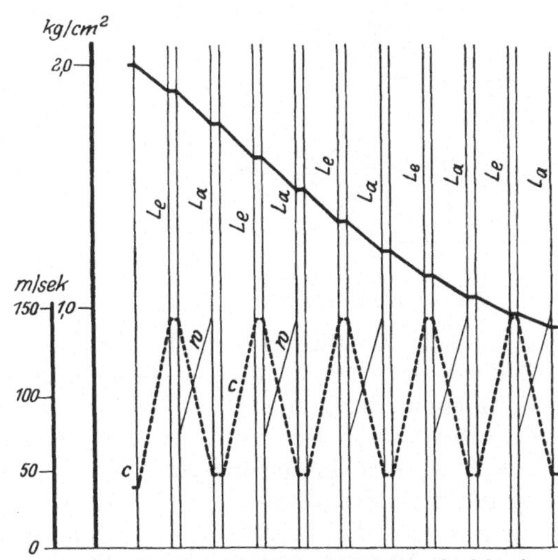

Abb. 137. Druck- und Geschwindigkeitsverlauf in einer Parsonsturbine.
$1 =$ Leitschaufeln, $2 =$ Laufschaufeln, Ordinaten $=$ Dampfdruck in kg/cm², Dampfgeschwindigkeit in m/sec. Abszisse entspricht den Dampfwegen im schematischen Schnitt über dem Diagramm.

Ist $q_d = q_s$, so ist: $\;|c_1 = w_2|,\qquad$ da $\qquad \varDelta i'_I = \varDelta i'_{II}.$

Wählt man noch die Winkel

$$\alpha_1 = \beta_2 = 18^0 \text{ bis } 25^0 \text{ in den ersten Stufen,}$$
$$\alpha_1 = \beta_2 = 40^0 \text{ bis } 50^0 \text{ in den letzten Stufen,}$$

so kann man das Geschwindigkeitsdiagramm für eine Stufe aufzeichnen (Abb. 139). Die Dreiecke sind kongruent, da $u = \text{const.}$ Bei gleicher

Breite und Länge der Schaufeln sind dann die Profile für Leitschaufel
und Laufschaufel gleich.

Den Austrittsverlust $q_a = A \cdot \dfrac{c_2^2}{2g} \ldots$ kcal/kg nutzt man in der nächsten Stufe aus, der Düseneintritt muß also mit der Richtung von c_2
zusammenfallen (stoßfreier Eintritt). Im J—S-Diagramm ist q_a von
2 nach $2'$ abzutragen. Das Gesamtwärmegefälle $\varDelta i$ ist größer als das
theoretische $\varDelta i_0$. Es wird

$$\varDelta i = (1 + \alpha) \cdot \varDelta i_0 \ldots \text{kcal/kg} \quad \text{mit} \quad \alpha = 0{,}03 \text{ bis } 0{,}08 .$$

Um im J—S-Diagramm besser arbeiten zu können, faßt man eine
Anzahl von Stufen zu einer Stufengruppe zusammen und stellt das
Wärmegefälle der Stufengruppe dar.

Die Berechnung kann so erfolgen, daß man bei der ersten Stufe
beginnt und Schritt für Schritt eine Stufe nach der anderen berechnet.

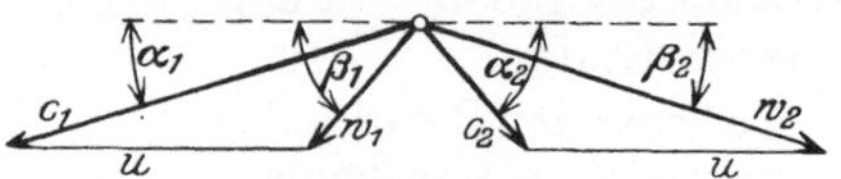

Abb. 139. Geschwindigkeitsdiagramme einer
Überdruckstufe.

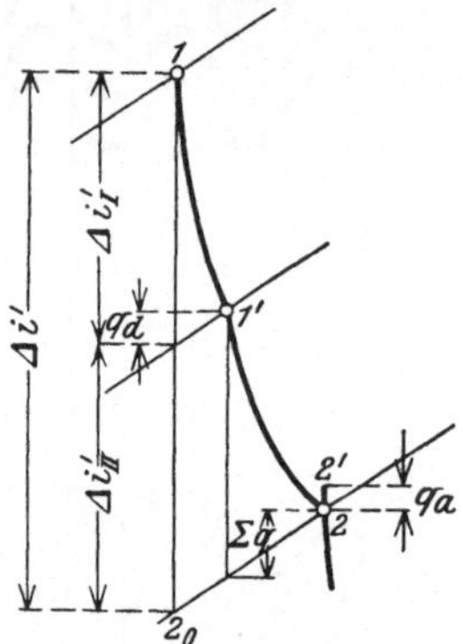

Abb. 138. J—S-Diagramm
einer Überdruckstufe.

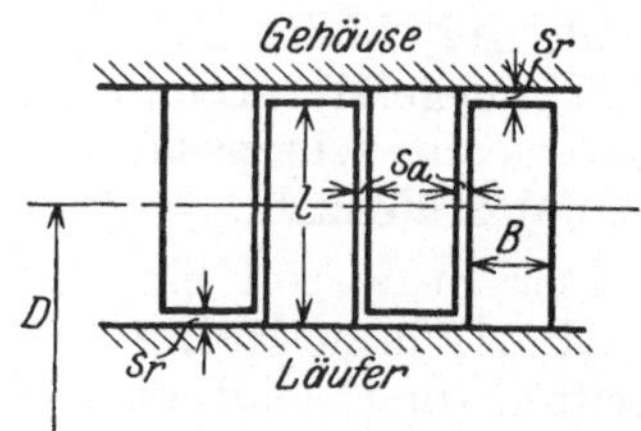

Abb. 140. Schaufelabmessungen.

Das ist sehr umständlich und zeitraubend; deshalb hat man andere
Verfahren entwickelt, die den Berechnungsgang zusammenfassen und
vereinfachen. Bezüglich dieser Verfahren sei auf die im Literaturnachweis aufgeführten Spezialwerke hingewiesen.

c) Leit- und Laufschaufeln. Die Laufschaufeln sitzen meist auf
einer glatten oder abgesetzten Trommel; bei großen Umfangsgeschwindigkeiten wird die Trommel durch Scheiben ersetzt. Die Leitschaufeln
sind am Gehäuse befestigt (Abb. 140).

Der Trommeldurchmesser D richtet sich nach der radialen Schaufellänge l, die nicht kleiner werden soll als $l = 20$ mm. Da das spezifische
Volumen v des Dampfes bei hohem Druck klein ist, ergibt sich nach
der Stetigkeitsgleichung

$$f \cdot c = G \cdot v$$

kleiner Durchflußquerschnitt f und damit bei festliegender Schaufellänge l kleiner Trommeldurchmesser.

Schaufelteilung t und Schaufelbreite B werden etwa:

$t = 5$ bis 6 mm; $\qquad B = \sim 10$ mm in den ersten Stufen,

$t = 10$ bis 20 mm; $\qquad B = 15$ bis 30 mm in den letzten Stufen.

Für den Durchmesser der letzten Stufen gilt: $\dfrac{l}{D} \leqq \dfrac{1}{7}$ bis $\dfrac{1}{5}$.

Die Schaufelspalte sollen so klein als konstruktiv möglich werden. Der radiale Spalt ist: $s_r = 0{,}5$ bis 3 mm und der axiale Spalt: $s_a = 2$ bis 5 mm je nach Durchmesser D.

d) Verluste. Leitschaufelverlust q_d, Laufschaufelverlust q_s und Austrittsverlust q_a werden, wie vorher behandelt, berechnet. Infolge des Spaltüberdruckes tritt ein Spaltverlust auf, den man erfahrungsmäßig wählen kann zu:

$$q_{s\,p} = (0{,}12 \text{ bis } 0{,}08) \cdot \varDelta i' \text{ im Hochdruckteil,}$$

und $$q_{s\,p} = (0{,}06 \text{ bis } 0{,}03) \cdot \varDelta i' \text{ im Niederdruckteil.} \tag{76}$$

Der Spaltverlust wird z. T. wiedergewonnen, da er das Wärmegefälle der folgenden Stufen erhöht.

48. Das Laufzeug.

a) Die Schaufeln. Für Gleichdruckturbinen werden verwendet:
1. Blechschaufeln. Form aus gewalzten Bändern gepreßt; Kanten zugeschärft. Blechstärken verschieden, im Mittel $\sim 1{,}5$ bis 2 mm.

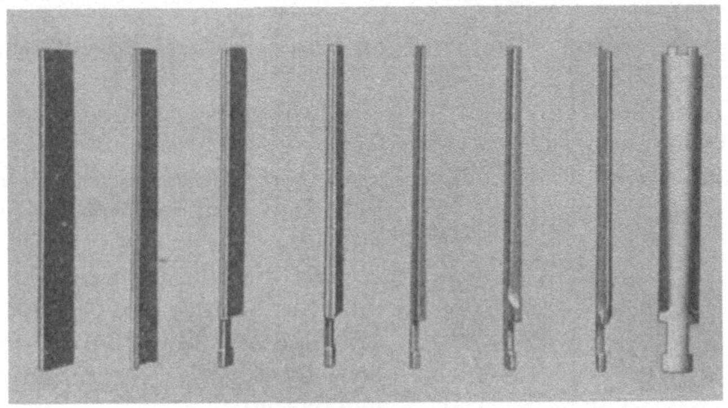

Abb. 141. Herstellungsgang einer Schaufel (MAN).

2. Profilschaufeln. Profil gezogen und von Stangen auf die erforderliche Länge abgeschnitten; oder aus dem Vollen gefräßt. Schaufeln über 50 mm Länge werden meist als Schaufeln gleicher Festigkeit nach dem Fuße hin verstärkt.

Für Überdruckturbinen werden nur Profilschaufeln verwendet.

Die Schaufelfüße und Füllstücke werden gefräst. Die Befestigung der Schaufeln erfolgt meist durch T-förmig gefrästen (Abb. 141) oder mit Rillen versehenen (Abb. 142) Fuß in entsprechenden Nuten der Scheiben und Trommeln. Das freie Ende der Schaufeln wird durch ein Zäpfchen mit einem Deckband vernietet. Zweck: Versteifung der Schaufeln und Führung des Dampfstrahles.

Der Werkstoff der Schaufeln wird unter den Gesichtspunkten

der Festigkeit bei Dampftemperatur und des Verhaltens im Dampfstrahl gewählt. Als Werkstoffe kommen in Frage:

1. **Messing.** Ist rostsicher und leicht zu bearbeiten, hat aber nur geringe Festigkeit.

2. **Kupfer.** Ist sehr widerstandsfähig gegen Heißdampf, kommt aber seiner geringen Festigkeit wegen nur für schwach beanspruchte Überdruckschaufeln in Frage.

3. **Monelmetall** (65 % Nickel, 35 % Kupfer). Besitzt hohe Bruch-

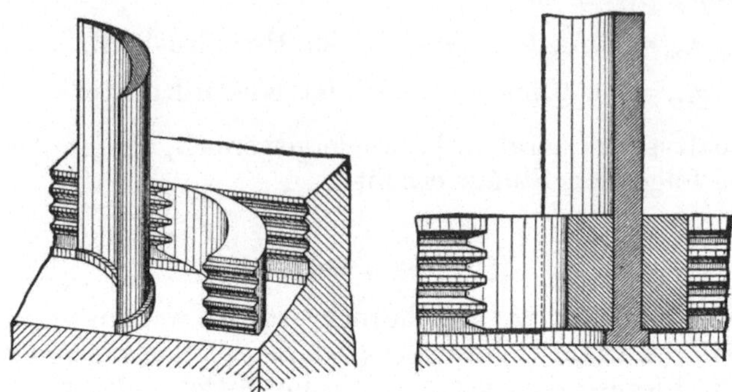

Abb. 142. Schaufelbefestigung (BBC).

festigkeit bei hohen Temperaturen und ist widerstandsfähig gegen Anfressungen.

4. **Nickelstahl** (3 bis 5% Nickel). Meist verwendet. Hohe Festigkeit und Dehnung.

5. **S.M.-Stahl.** Für Schaufeln weniger geeignet, da er leicht angefressen wird. Verwendung für Füllstücke[1].

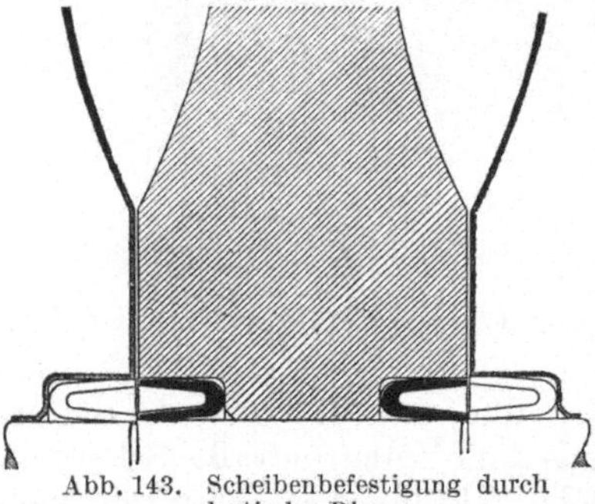

Die Schaufeln werden statisch auf Zug durch die Fliehkraft und auf Biegung durch die Umfangskraft berechnet. Die Verdrehung ist vernachlässigbar.

Gefährlicher sind die dynamischen Beanspruchungen durch periodische Schwingungen, Wärmedehnung, mitgerissenes Wasser, Streifen bei axialem Spiel usw., die sich rechnerisch meist gar nicht erfassen

Abb. 143. Scheibenbefestigung durch elastische Ringe.

lassen. Deshalb ist eine gute Versteifung durch Deckbänder usw. unbedingt erforderlich[2].

---

[1] Lasche: Erfahrungen an der Beschaufelung von Dampfturbinen. Z. V. d. I. 1918, S. 583, 605, 628 u. 641. Thum: Die Werkstoffe im heutigen Dampfturbinenbau. Z. V. d. I. 1927, S. 753.

[2] Oehler: Über Biegungsschwingungen von Dampfturbinenlaufrädern. Z. V. d. I. 1925, S. 335. Hort: Die Schwingungen der Räder und Schaufeln von Dampfturbinen. Z. V. d. I. 1926, S. 1375 u. 1419.

b) Die Radscheiben. Sehr hoch beanspruchte Räder werden als volle Scheiben mit angeflanschter Welle ausgeführt (Lavalräder). Weniger hoch beanspruchte Räder werden auf die (meist abgesetzte) Welle aufgezogen und durch Keile gegen Verdrehen gesichert. Abb. 143 zeigt eine Befestigung mittels elastischer Ringe nach Brown, Boveri & Cie., die für große Turbinen sehr vorteilhaft ist.

Werkstoff: Für geringere Beanspruchungen S.M.-Stahl von $K_z = 4500$ bis 5000 kg/cm² und 20 % Dehnung. Für höhere Beanspruchungen Nickelstahl von $K_z = 6000$ bis 6500 kg/cm² und 15 bis 18 % Dehnung oder Chromnickelstahl von $K_z = 7000$ bis 8000 kg/cm² und 13 % Dehnung.

c) Die Trommeln. Trommeln sind nur für geringere Beanspruchungen brauchbar; sie werden auf die Wellenflansche aufgeschrumpft oder aufgeschraubt.

Werkstoffe: wie bei den Radscheiben.

Radscheiben und Trommeln müssen sehr sorgfältig bearbeitet und möglichst genau ausgewuchtet sein.

d) Die Wellen. Die Wellen bestehen meist aus S.M.-Stahl und müssen stets auf kritische Drehzahl nachgerechnet werden. Bei $n = 1500$ U/min führt man die Welle starr aus, bei $n \geqq 3000$ U/min elastisch, wobei die kritische Drehzahl $n_k = {\sim}\,0{,}5 \cdot n$ ist.

Welle und Radscheiben werden neuerdings vielfach aus einem Block gedreht[1].

49. Regelung.

Aus der Gleichung

$$N_e = \frac{G \cdot \varDelta i \cdot \eta_e}{632} \dots \mathrm{PS_e}$$

geht hervor, daß sich eine Veränderung der Leistung N_e erreichen läßt

1. durch Veränderung der Wärmegefälle $\varDelta i$,

2. durch Veränderung der Dampfmenge G,

3. durch Veränderung von $\varDelta i$ und G gleichzeitig.

Man unterscheidet danach:

a) Drosselregelung. Durch Verengerung des Durchtrittsquerschnittes im Dampfventil wird der Dampfdruck verkleinert und damit auch, da der Wärmeinhalt des Dampfes $i = $ const bleibt, das Wärmegefälle $\varDelta i$ verringert (Abb. 144).

Vorteile: Verbesserung von $\dfrac{u}{c}$; Geringere Radreibungs- und Ventilationsverluste. Bessere Ausnutzung des Vakuums bei Kondensationsturbinen.

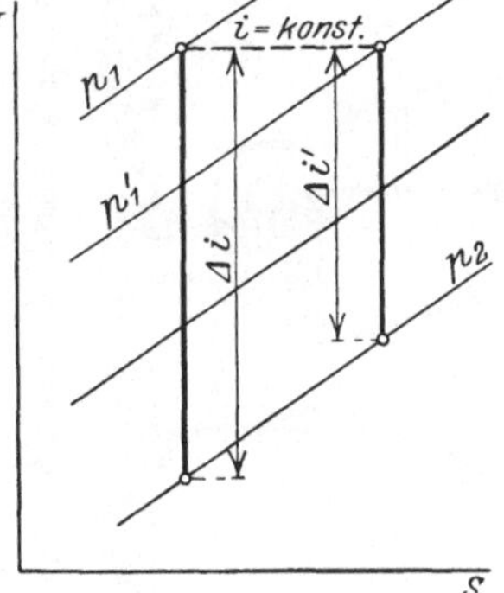

Abb. 144. Drosselregelung.

---

[1] Eck: Versteifender Einfluß der Turbinenscheiben auf die Durchbiegung der Welle. Z. V. d. I. 1928, S. 51.

Nachteile: Größerer Dampfverbrauch je PS_e. Verluste durch Dampfstoß auf den Schaufelrücken infolge des kleineren c_1.

b) Mengenregelung. Durch Abschaltung einzelner Düsen wird die sekundliche Dampfmenge $G \ldots$ kg/s verkleinert.

Vorteile: Der Dampfverbrauch je PS_e ändert sich nicht so stark wie bei der Drosselregelung, da das Wärmegefälle Δi gleichbleibt.

Nachteile: Bei großen Belastungsänderungen sind viele Abschaltungen nötig; das erfordert viele und teuere Abschaltvorrichtungen. Nur die erste Stufe ist regelbar. Dadurch ändern sich die Verhältnisse in den folgenden Stufen sehr stark; es ergeben sich größere Verluste.

c) Drossel- und Mengenregelung. Die Regelung durch Veränderung des Wärmegefälles und der Dampfmenge gleichzeitig gestattet feinste Anpassung des Dampfverbrauchs je PS_e und wird daher bei mittleren und großen Turbinen stets ausgeführt.

50. Die Turbinenarten.

a) Die Lavalturbine wird heute nur noch selten für untergeordnete Zwecke und sehr kleine Leistungen ausgeführt.

b) Die Curtisturbine. Die reine Curtisturbine wird heute verwendet für Leistungen von $N_e = 20$ bis 500 PS_e bei Wärmegefällen $\Delta i \leq 110$ kcal/kg. Der Gesamtwirkungsgrad ist etwas höher als bei der Lavalturbine. Für größere Leistungen und Wärmegefälle werden auch mehrere Curtisturbinen hintereinander geschaltet, wobei jede Turbine einen Teil des Gesamtgefälles verarbeitet.

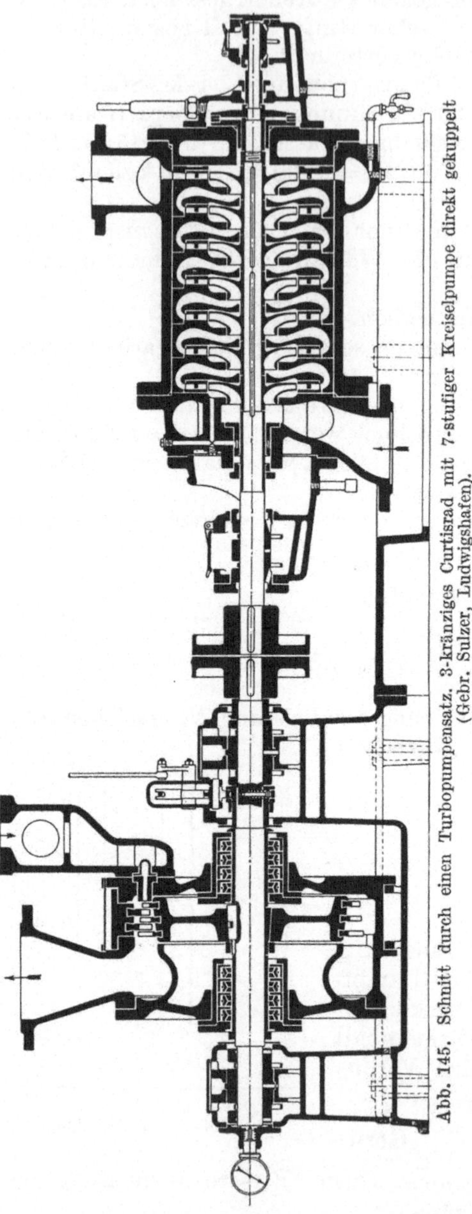

Abb. 145. Schnitt durch einen Turbopumpensatz. 3-kränziges Curtisrad mit 7-stufiger Kreiselpumpe direkt gekuppelt (Gebr. Sulzer, Ludwigshafen).

c) Die Zoellyturbine wird für Leistungen von $N_e = 500$ PS an verwendet; sie gestattet die Verarbeitung hoher Wärmegefälle in verhältnismäßig wenig Stufen bei gutem Gesamtwirkungsgrad.

d) Die Parsonsturbine kommt infolge der großen Stufenzahl nur für große Leistungen in Frage. Nachteilig ist, daß an den ersten Stufen das Gehäuse unter hohem innerem Überdruck steht, die Welle gegen diesen hohen Innendruck abgedichtet werden muß und die Spaltver-

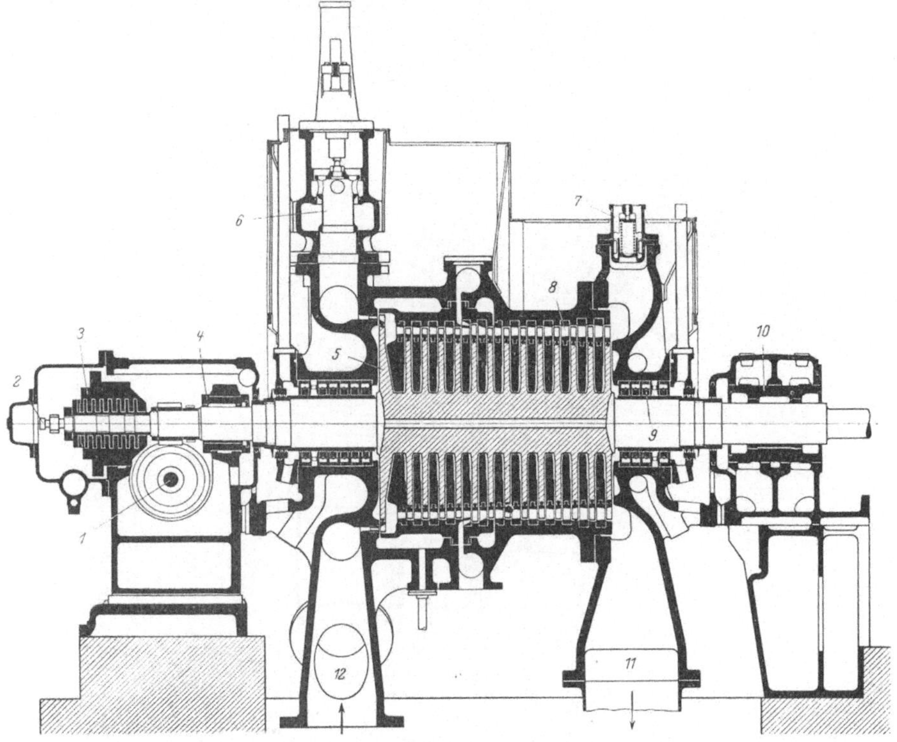

Abb. 146. Gegendruckturbine mit Druckstufen (MAN).

1 = Welle von Regler und Zahnradölpumpe.	5 = Läufer.	9 = Kohlestopfbüchse.
2 = Sicherheitsregler.	6 = Düsenregulierventil.	10 = Hinteres Traglager.
3 = Kammlager.	7 = Düsenregulierventil.	11 = Abdampfstutzen.
4 = Vorderes Traglager.	8 = Leitrad.	12 = Frischdampfstutzen.

luste im Hochdruckteil sehr groß werden. Vorteilhaft sind die geringen Dampf- und Umfangsgeschwindigkeiten. Reine Parsonsturbinen werden heute kaum noch gebaut.

e) Gemischte Turbinen vereinigen in sich die Vorzüge der Einzelturbinen, aus denen sie zusammengesetzt sind, unter möglichster Vermeidung ihrer Nachteile.

1. **Curtisrad und Zoellyturbine.** Der Hochdruckteil ist ein meist 2kränziges Curtisrad, das i. M. etwa 60 kcal/kg des Gesamtwärme-

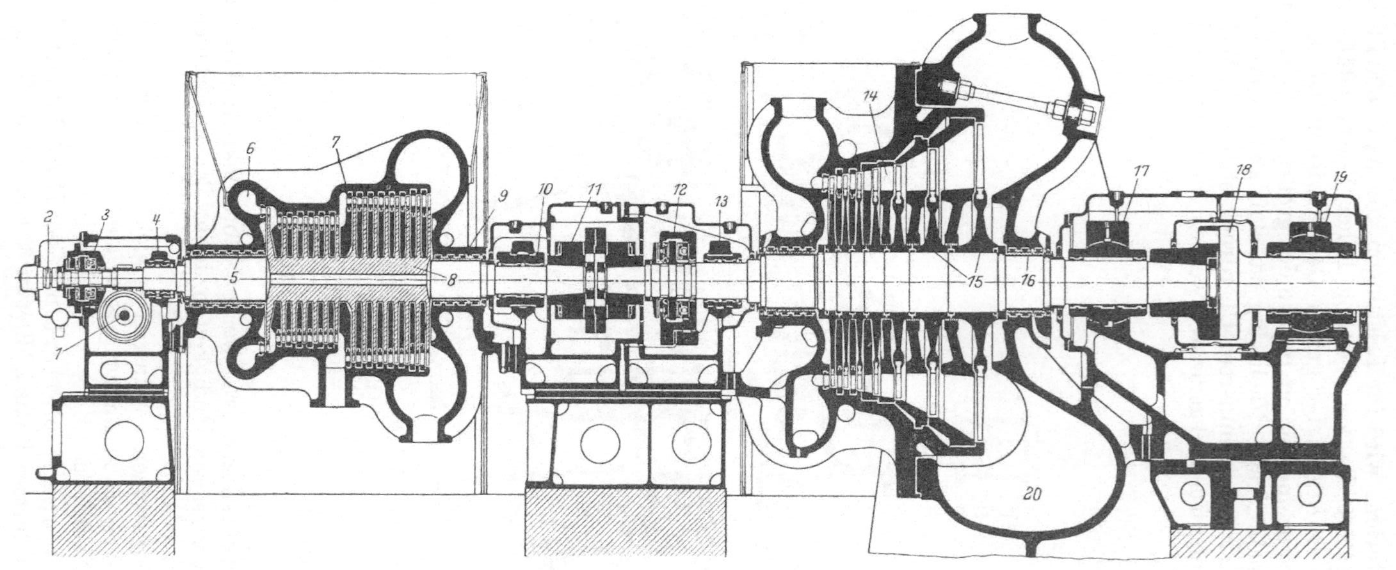

Abb. 147. Hochdruckdampfturbine mit Druckstufen. Zweigehäusebauart (MAN).

1 = Reglerwelle.	5, 9, 16 = Stopfbüchsen.	11 = Kupplung.
2 = Sicherheitsregler.	6 = Ringkanal.	12 = Niederdruckblocklager.
3 = Hochdruckblocklager.	7 = Leitrad.	13 = Vorderes Niederdruck-
4 = Vorderes Hochdrucktrag-	8 = Hochdruckläufer.	traglager.
lager.	10 = Hinteres Hochdrucklager.	14 = Leitrad.

15 = Welle des Niederdruck-	18 = Generatorkupplung.
teils mit Laufrädern.	19 = Vorderes Generatorlager.
17 = Hinteres Niederdruck-	20 = Abdampfstutzen.
traglager.	

gefälles verarbeitet. Dadurch wird der Dampf rasch entspannt und auf niedrigere Temperatur gebracht. Im Gehäuse herrscht geringer Druck

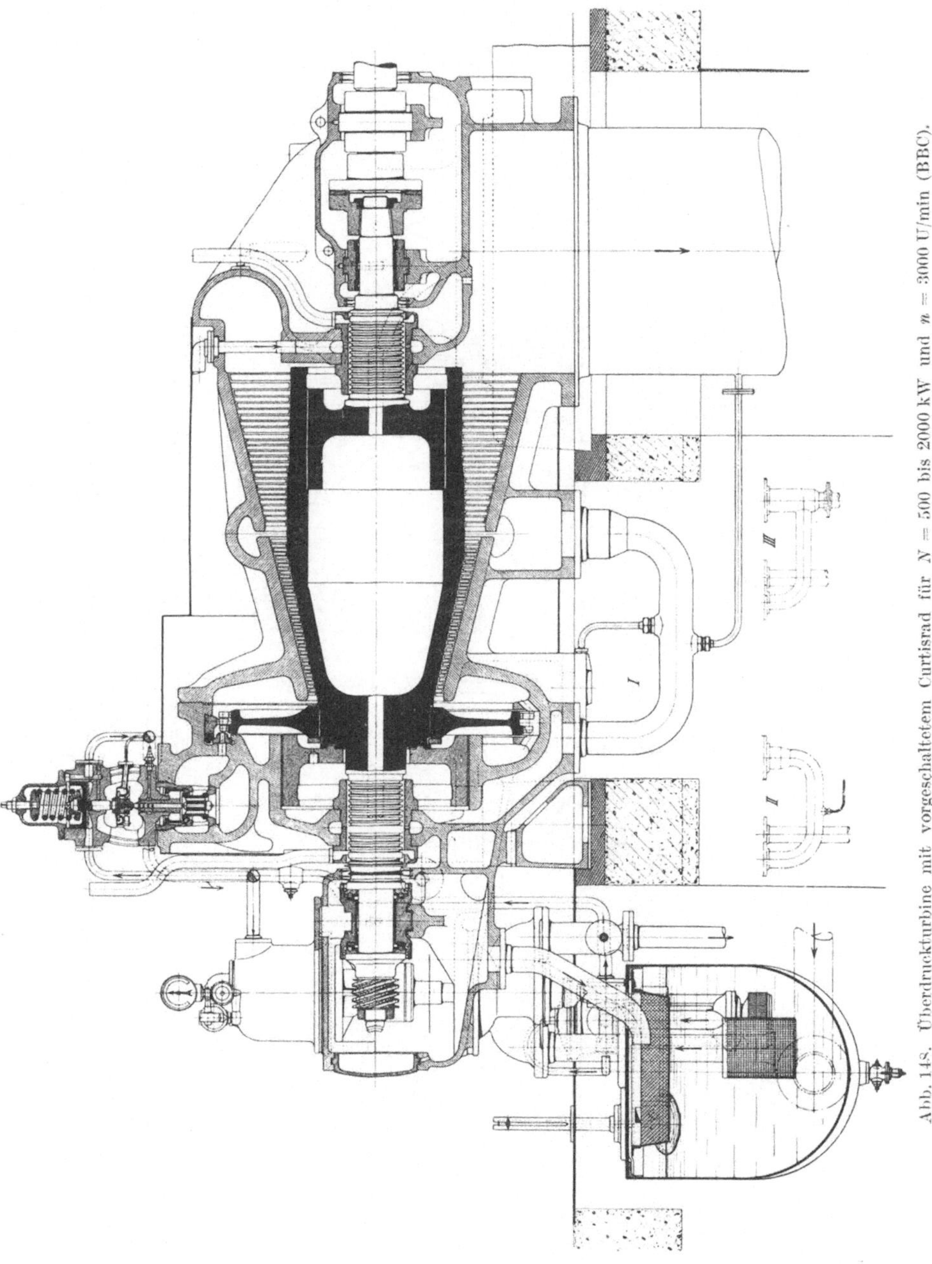

Abb. 148. Überdruckturbine mit vorgeschaltetem Curtisrad für $N = 500$ bis 2000 kW und $n = 3000$ U/min (BBC).

und geringe Temperatur, was für die konstruktive Durchbildung des Gehäuses und der Stopfbüchsen vorteilhaft ist. Der Rest des Wärme-

gefälles wird in Niederdruckteil durch eine Zoellyturbine ausgenutzt, deren Stufenzahl sich nach dem Restgefälle richtet.

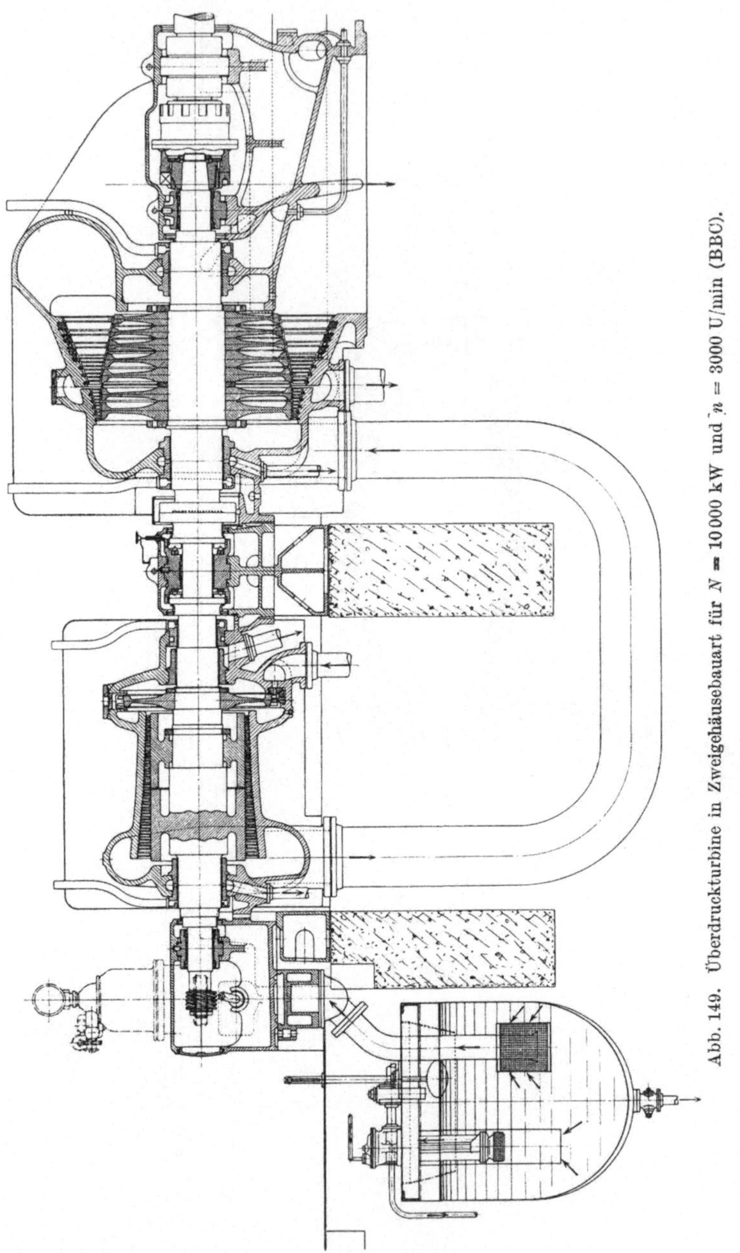

Abb. 149. Überdruckturbine in Zweigehäusebauart für $N = 10000$ kW und $n = 3000$ U/min (BBC).

    Der Hauptvorteil ist ein höherer Wirkungsgrad bzw. geringerer
Dampfverbrauch je PS_e.

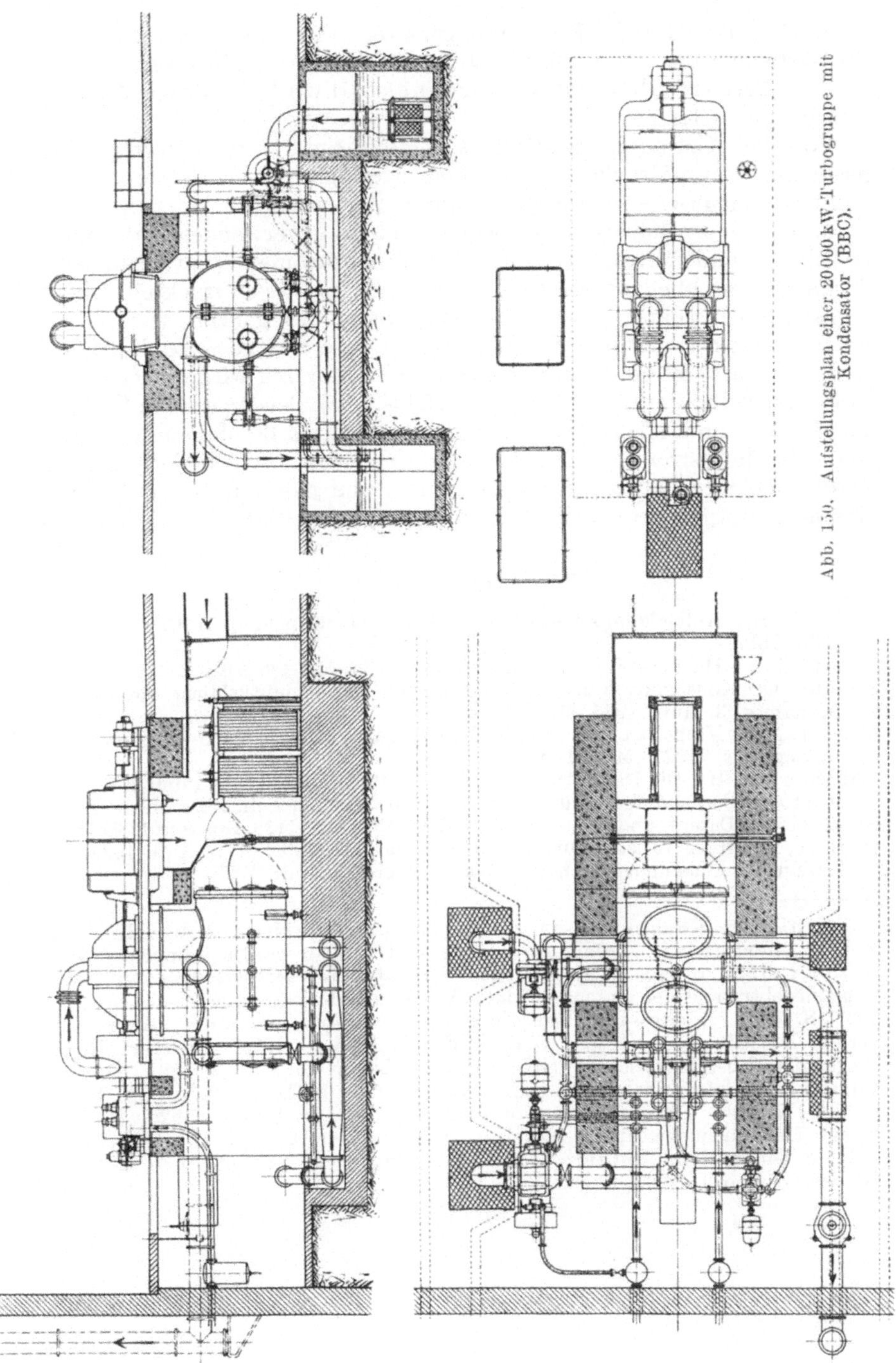

Abb. 130. Aufstellungsplan einer 20000 kW-Turbogruppe mit Kondensator (BBC).

2. Curtisrad und Parsonsturbine. Der Hochdruckteil ist ein Curtisrad, das etwa 20 bis 30% des Gesamtgefälles verarbeitet. In einer Parsonsturbine als Niederdruckteil wird das übrige Wärmegefälle umgesetzt.

Vorteile: Geringere Stopfbüchsen- und Spaltverluste infolge des geringeren Dampfdruckes im Gehäuse. Geringere Gehäusetemperatur, leichtere Gehäusekonstruktion. Höherer Wirkungsgrad.

3. Bei neuzeitlichen Großdampfturbinen verwendet man meist im Hoch- und Mitteldruckteil Gleichdruckturbinen (Lavalrad oder Curtisrad, anschließend Zoellyturbine) und im Niederdruckteil Überdruckturbinen (Parsonsturbinen). Anordnung der ganzen Turbine in einem Gehäuse findet man nur noch selten; in der Regel wird die Mehrgehäusebauart (bis zu 4 Gehäusen) gewählt. Dadurch wird der Gesamtwirkungsgrad weiterhin erhöht ($\eta_e = 0{,}8$ bis $0{,}85$). Bei den großen Dampfmengen ist man infolge des großen spezifischen Dampfvolumens gezwungen, die Mehrstromanordnung zu treffen, d. h. im Niederdruckteil werden mehrere Laufrädergruppen, von denen jede nur einen Teil der Gesamtdampfmenge verarbeitet, parallel geschaltet[1].

Literaturnachweis.

Dubbel, H.: Kolbendampfmaschinen und Dampfturbinen, 6. Aufl. 1923. Mit 566 Abb.
Kraft, E. A.: Die neuzeitliche Dampfturbine. 1926. Mit 138 Abb.
Lasche, O.: Konstruktion und Material im Bau von Dampfturbinen und Turbodynamos, 3. Aufl. 1925. Mit 377 Abb.
Mauritz, K.: Verhalten von raschlaufenden Gegendruckturbinen bei Drehzahländerungen. 1927. Mit 31 Abb.
Pohlhausen. H.: Die Dampfturbinen, 2. Aufl. 1922. Mit 18 Tafeln und 251 Abb.
Seufert, F.: Bau und Berechnung von Dampfturbinen, 2. Aufl. 1923. Mit 54 Abb.
Stodola, A.: Dampf- und Gasturbinen, 6. Aufl. 1924. Mit 1138 Abb. und 13 Tafeln.
Mollier, R.: Neue Tabellen und Diagramme für Wasserdampf, 5. Aufl. 1927.
— Regeln für Abnahmeversuche an Dampfanlagen, 2. Aufl. 1925.

---

[1] Duffing: Erfahrungen im Bau großer Dampfturbinen. Z. V. d. I. 1921, S. 1277. Zerkowitz: Strömungsvorgänge und Aufbau großer Dampfturbinen. Z. V. d. I. 1922, S. 346 u. 419. Josse-Stodola: Leistungsversuche an einer Gegendruckturbine der ersten Brünner Maschinenfabrik-Gesellschaft. Z. V. d. I. 1923, S. 1163. Zerkowitz: Das Gegendruckverfahren und seine Anwendung bei der Dampfturbine. Z. V. d. I. 1924, S. 147, 1026 u. 1093. Löffler: Neue Wege der Energiewirtschaft (Höchstdruckturbinen) Z. V. d. I. 1924, S. 161. Lorenz: Dampfturbinen mit stark veränderlicher Drehzahl. Z. V. d. I. 1926, S. 314. Noack: Dampfturbinen für hohen Druck. Z. V. d. I. 1926, S. 711. Josse: Untersuchungen an neuzeitlichen mehrgehäusigen Dampfturbinen. Z. V. d. I. 1927, S. 346 u. 419. Bauer: Getriebedampfturbinen für hohe und höchste Drücke. Z. V. d. I. 1927, S. 595.